生命是一条河流

Life is a River

生命是一条河流

Life is a River

让·文森茨·约翰森　著

李　菡　韦大玮　译

北京大学医学出版社

北京大学出版社
PEKING UNIVERSITY PRESS

SHENGMING SHI YITIAO HELIU

图书在版编目（CIP）数据

生命是一条河流 / (挪) 让·文森茨·约翰森著；李菡，韦大玮译. – 北京：北京大学医学出版社，2017.3

书名原文：Life is a River

ISBN 978-7-5659-1583-3

Ⅰ. ①生… Ⅱ. ①让… ②李… ③韦… Ⅲ. ①人生哲学—通俗读物 Ⅳ. ①B821-49

中国版本图书馆CIP 数据核字(2017) 第055806 号

北京市版权局著作权合同登记号：图字：01-2016-3654

Life is a River
Jan Vincents Johannessen
ISBN: 978-1-909968-02-8

生命是一条河流

译：李　菡　韦大玮
出版发行：北京大学医学出版社
地　　址：（100191）北京市海淀区学院路 38 号　北京大学医学部院内
电　　话：发行部 010-82802230；图书邮购 010-82802495
网　　址：http：//www.pumpress.com.cn
E – mail：booksale@bjmu.edu.cn
印　　刷：中煤（北京）印务有限公司
经　　销：新华书店
责任编辑：刘　燕　张弘泓　**责任校对**：金彤文　**责任印制**：李　啸
开　　本：889 mm × 1194 mm　1/32　**印张**：7.875　**字数**：116 千字
版　　次：2017 年 3 月第 1 版　2017 年 3 月第 1 次印刷
书　　号：ISBN 978-7-5659-1583-3
定　　价：55.00 元

本书由

北京大学医学科学出版基金

资助出版

每个人都独自处于地球上，身体被一缕阳光穿透；转瞬之间，已是夜晚。

——萨瓦多尔·夸西莫多

1994 年我首次与让·文森茨·约翰森先生相遇。那时我被诊断患了前列腺癌并且幸运地遇到了奥斯陆放射医院院长约翰森先生。我记得他在对我治疗时就好像我是世界上唯一的人一样。除了向我推荐专家外，他还给了我诸多良好的建议。后来，他又送了我一本他写的书《生活的艺术》(*The Art of Living*)。我发现他的书中之言犹如雪中送炭，并且充满智慧。

作为医生、书法家、画家和作家，约翰森先生的技巧和天赋广博深厚，似无穷尽，因而很容易使我们这些平庸之辈自愧不如。与其本人一样，他对生活的观察和洞见亦是出类拔萃的。

深怀感恩，我现在一切都好。维京游轮公司 (Viking Cruises) 非常荣幸地参与发行了约翰森先生的这本获得高度赞誉图书的英文版。该书现名为《生命是一条河流》(*Life is a River*)。这个名字很符合我们的心意。这本书的智慧在今天仍和二十年前一样切题，具有意义。

托斯坦·哈根

2013 年 6 月

中文版前言

在我看来，河流是生命的象征。河流既使人们相聚，也使人们分离。河流可以是一种祝福或者诅咒，正如黄河，她既被称为“中国的骄傲”，也被称为“中国的悲哀”。因为它的力量既可以滋养河流两岸的人民，也可以摧毁他们，正如生活本身。

在远古时代，人们认为河流来自天庭，是银河的延续。而在传统上人们则将中华文明的起源归于黄河流域。这也是为什么黄河被称为“母亲河”和“中华文明的摇篮”。

中国有着世界上一些最伟大的河流，而中国也是地球上最伟大的国家之一。十几亿的人口在不到三十年的时间里摆脱了贫困，使贫困人口的比例从 84% 降低到了 10% 以下，而且这一进步还在继续。在中国发生的事情在几乎每个领域都会对其他国家产生影响。

鲁德雅德·吉普林（Rudyard Kipling）曾写道：“东方是东方，西方是西方，它俩永远不会相遇。”这一说法不是特指中国和西方世界，但是过去可能一直如此。

无论这首诗的含义如何，这种说法已不再是正确的。世界已经变成了一个地球村，而我们相互依存。

从 1992 年开始我在中国工作，我亲眼目睹了在中国发生的巨大变化和中国人民对于了解国外文化和生活模式日益增强的兴趣。在北京大学医学院副院长方伟岗教授的支持下，《生命是一条河流》的中文版将由世界知名的北京大学医学出版社出版。

无论我们来自何种民族，身居何处，我们都面对着同样的挑战，此书的内容涉及了这些挑战。

我将此书献给我的朋友，维京游轮公司的主席和首席执行官托斯坦·哈根（Torstein Hagen）。他坚韧不拔、为人慷慨、诚信大度，在世界范围内将生活融入河流，又将河流带入生活。他是一位真正的挪威维京战士。

他是第一位使我的挪威之书扬帆驶向远洋的人。

我诚挚地希望这本书能助你在生活之河上远航。

让·文森茨·约翰森

医学博士，2011 年河南省黄河友谊奖获得者

2016 年 12 月于奥斯陆和北京

中文版序

2014年9月的一个下午，我率北京大学医学部代表团再次访问了奥斯陆大学医学院，并与约翰森先生应约相见。他的办公室除了有典型的学者式的拥挤杂乱之外，出乎我们意料的是还有一些抽象派画作及雕塑作品。如果不是约翰森先生轻描淡写地介绍是他本人的作品，无论如何我们也不会将一位著名医生与这些艺术品联系起来。随着谈话的展开，一个集多种身份——著名学者、医生、管理学家、艺术家和作家于一身的鲜活形象展现在我们的面前。约翰森先生属于近代著名的威廉·奥斯勒（William Osler）医生所赞赏的那种多才多艺的医生。作为放射学专家，他医术高超，由他管理了23年的挪威放射医院（Norwegian Radium Hospital）已为国际知名医院。作为作家，他创作的诗歌、随笔和专栏文稿广为流行。他是1994年挪威冬奥会主题歌的歌词作者。他出版的《生活的艺术》（*The Art of Living*）一书是挪威至今最为畅销的非小说类书籍。作为艺术家，他的绘画摄影作品曾在

《生活》和《时代》等著名杂志上刊登。他还曾担任挪威国家歌剧院名誉院长。

临别时他赠送我们一本《生活的艺术》的英文版——《生命是一条河流》。在回国的飞机上，我打开这本书。扉页上有约翰森先生创作的一幅浓墨重彩的抽象风格油画，斑斓炫目、意味深长。随着阅读，这本书的内容深深地吸引了我。一口气读完，我深深地为作者睿智的思想、优雅的文笔及精美的插画所吸引。

本书英文版由约翰森先生近年来的随笔和独具特色的绘画作品构成，互为映衬、相得益彰。本书旨在探究生命与死亡的意义，起因源自作者病危中的儿子在数月中历经的生死考验。作者一度感到儿子“将很快将跨过那条最后的河流，到达我永远无法触及的彼岸”，由此激发了作者再次“思考我们称之为‘生命’的这个脆弱的东西”。作者认为，生命不是一个需要解决的问题，而是一个需要去经历和体验的千古之谜。生命是大自然赐予的一个机会，因此，不要问你从生命中得到什么，而要问生命从你这里得到什么。只有明了生命意义之人，才会无惧任何生活的起落。作者讨论了生命的孕育、儿童的成长、热恋的焰火、婚姻的纠缠、中年的烦恼、对成功的渴望、追求心灵的宁静、直面人生的危机、承受病痛的折磨以及如何面对死亡等一系列重大的生命问题，并强调指出，真正的生活艺术，不是仅仅靠什么生活，至关重要的是为什么而生活。作者将自己对生命的认识与人生的理想淳化为深沉的反思，清晰、透彻地展示出作者对生命与死亡、痛苦与希望、光荣与梦想的探求。

我愿意将本书推荐给我的同事，尤其是医学生们。我们从事的是拯救生命的崇高事业，我们更应当深刻理解生命的含义，理解生命与死亡的关系。

是为序。

方伟岗

2016 年 5 月

目　录

1. 5月9日

5月9日清晨，我的儿子鲁纳在奥斯陆的一条街上被人打倒在地。

一击之下，我们两个人的生活被彻底颠覆了。

各种计划、当务之急和生命价值四处飘散。最初的几个月似乎没有尽头，他一直处于昏迷之中，并经受了一系列脑部手术。每次他的瞳孔增大，都显示被挤压肿胀的大脑需要的空间超出了颅骨的容量。没有人相信他能活下来。他很快将跨过那条最后的河流，到达我永远无法触及的彼岸。

然后，是第一次喘息，第一声低语，第一串摇摇晃晃的步子。他在25岁时重生。

在这段时间里，我有了充足的时间来思考，思考我们称之为“生命”的这个脆弱的东西。在我开车驶向国立医院脑手术室重症监护室的时候，我不知道今后我会有两个孩子还是三个孩子。当我踏上医院那条被无数沉重的脚步磨损了的冰冷的楼梯的时候，我都在思考。

我儿子可不是这样规划的。他是一个要当医生、要去帮助他人的医学院学生。而现在他成了需要帮助的人。你可以规划自己的整个人生，但是你永远不知道下一个小时会发生什么。

在我上楼的时候，我会看到在手术室电梯门边的台子上坐着一个小伙子。他总是笑着对我招手。他的皮肤是灰黄色的，我知道这说明他的肝坏了。但这一点不是用我所学的医学知识看出来的。在街上抢劫犯把我的儿子打倒的前几天，这个小伙子就上电视节目了。他说唯一让他活下来的机会就是做肝移植，但他不知道是否很快会有合适的肝配型成功。

他在等待的会是我儿子的肝吗？我的同事们会不会很快就在楼道门口问我，他们能不能关掉呼吸机，把鲁纳的心脏、肺和肾捐给其他病人，以使他人能活下去？

我想起萨瓦多尔·夸西莫多（Salvatore Quasimodo）的话："每个人都独自处于地球上，身体被一缕阳光穿透；转瞬之间，已是夜晚。"奥斯陆的太阳已经西沉，在医院的走廊里投下了长长的光影。

鲁纳现在就"独自处于地球上"。我也是，他母亲也是，他年幼的妹妹和弟弟也是如此。

生与死就在我的眼前：当我靠在他的床边犯迷糊的时候，或者是在重症监护室隔壁办公室的地板上蜷缩着坐在塑料布上的时候。我盯着监视器看了无数个小时，看着数字和曲线随着颅内压的变化而上下跳动。当奥斯陆醒来，电车和卡车开始行驶，就像血液细胞吱吱作响地穿行在城市的动脉之中。

我有了时间，可以去回想所有那些我让生活失望，也让人们失望的时刻，还有那些让我失望的时刻，以及这一切的原因。

几个月以来，鲁纳在这条我们叫作生命的河流里逆流而上，想要从那片无人之地返回，而我在这段时间里重温了此生我所经历的以及所闻和所想，写成了这本书。为了使语言流畅，我所引用的内容不一定会标注得十分准确。我希望被我引用了思想的人们会原谅这一点。

如果你买下这本书，是为了把它当作你自身的生命河流之旅的航行图的话，你可能会感到失望。实际上，没有什么高明而又现成的指导可以解决我们将要遇到的所有问题。虽然很多作者都声称他们可以做到，但你是不能像买速溶咖啡一样买到解决问题的方法。你不可能舀上一勺咖啡，把它放入一杯热水里，搅拌，然后喝下。如果可以这样的话，生命就不会如此神秘，而只是一个可以编程和预测的过程，毫无活力。这只是例行的程序，不是生命。

你可能读了很多书但仍旧无知。最重要的是，你要在镜子里看看自己，看看你是不是自己想要成为的男人或者女人。

我想要说的，艾伯特·卡姆斯（Albert Camus）也曾说过："别走在我的后面，我可能不会带路。别走在我的前面，我可能不会跟随。就在我的身旁走吧，做我的朋友。"

在此事发生前的一天早晨，我最好的朋友、我的绘画老师——了不起的雅克布·魏德曼（Jakob Weidemann）给在床上的我递了一杯咖啡。当时我们正在他离里尔汉默市不远的一个叫林思文的小农场里。他站在窗前，看着外面田野里的羊群和草原上的花儿。过了一会儿，他转过身来，看着我的眼睛说："我很高兴你和我就是一对疯子。靠理智是干不成什么大事的。"

在这个世界上，理性不一定都能推动我们前进，但缺乏理性却能做到。有时候思想与思考是对立的。

然而，把思考和理性结合起来就可以理顺伟大的思想所造成的混乱。

雅克布和我经常讨论所谓生命的神秘东西，有时用言语，有时用沉默。

这本书不仅谈及生命的艺术，还谈及把生命给予他人的艺术。你通过给予他人生命而获得生命。这本书也是关于死亡艺术的书。生命的艺术和死亡的艺术是一枚钱币的两面，不可分割。一个知道如何活着的人也会知道如何死亡。

这绝对不是一本关于伦理和道德的教科书，得由其他人来指导你如何驶过这些风大浪急的伦理道德之河，我并不是你要亦步亦趋的人。

最近关于伦理道德的讲座变得很受欢迎。恐怕我们对伦理道德的喋喋不休会使人们一听到这些词就想吐。道德不是强加于人的东西。道德问题得到最好的回答的时候，是你独处的时候。千万不要忘记，在很大程度上伦理是依据时间和地点而定的。

在休斯敦的安德森癌症中心，我看到过一个孩子画的画。有一个病人在画上写道："我知道我是个人物。上帝是不会制造垃圾的。"如果这本书有一个主题的话，那就是我们都是人物，我们都很宝贵，我们可以变得更宝贵。上帝不制造垃圾，人才会制造垃圾。

没人可以过其他人的生活，没人知道其他人怎么生活。我们中的大多数人连自己应该怎么生活都不清楚。这就是为什么在生命之河中的航行如此艰难。生命不是一个需要解决的问题，而是一个要去经历、去体验的千古之谜。

在雅克布·魏德曼卧室的角落里，我发现了一个盒子，里边装着 1970 年出版的东西。

在序言中他写道：

阳光下
一只翅膀飞掠
干燥而温暖的空气
生机勃勃的土地
我的花园里的一切
发出的香味
看吧
而要是看到的是最难的事
如果你去不了
那就以目光走过

2. 一个人的出生

“一个人出生了，如同一粒尘埃来到了世界上。它徘徊逗留了一会儿，与疾病、不公和贫穷斗争，然后死去，被忘却，静静地与大地的尘土化为一体。墓碑上写着马库斯。马库斯？他会是谁？”作家盖布里尔·司各特（Gabriel Scott）在小说《渔夫马库斯》（*Markus the Fishman*）中问道。

大多数人似乎认为生命是与生俱来的奇妙之物。但是生命可不是你一出生时你就拥有的。你只是被给予了一个生活的机会。很少人会抓住这个机会，因为全力去生活意味着使你变得易受伤害。所以许多人选择活着，而不是生活。他们安于待在种子的壳里，不敢发芽、开花和结果，因为他们知道嫩芽要经受严寒的冬夜。一粒种子可能会在某个地方躺上几百年甚至几千年，然后投入大地的怀抱，开始生长。它体内的生命一直在休眠。

生命不是可以拖延之事，而是此时此刻的事情。就是现在！极少有人能够活在当下，大多数人只是为他们明天的生活做计划。

如果你想拥有充实的生命，你就必须摆脱过去的负担，同时不为将来会遇到的问题而担忧。我们都知道，生活是由一系列永远不会发生的事件构成的，但是对于那些在这些事件发生之前就在精神上演习了一遍的人来说，这一切早已发生。

丹麦作家罗伯特·斯朵姆·彼得森（Robert Storm Petersen）说过，他总是事先就发愁。这是个从未给过他太多快乐的习惯。

大多数人花了太多的时间和精力来拖延那些我们知道迟早都要做的事情。这些事情占满了我们的脑子。我们为什么不现在就处理它们呢？人类可能是地球上唯一知道拖延含义的生物。他们不愿面对问题，在问题大到挡住了视线之前总是想甩掉它们。

那些拥有充实生命的人并不害怕死亡。害怕死亡的是那些觉得做得不够而虚度了生命的人。我们听到，在挪威的传奇故事中，人们在死亡来临之前就躺下来等候。他们已经做了自己一生想做的事情，该让其他人接过火炬，继续向前。

套用约翰·F·肯尼迪（John F. Kennedy）的话："不要问你从生命中得到什么，要问生命能从你这里得到什么。"我们都要追寻生命的意义。维也纳精神病学家维克多·E·法兰可（Victor E. Frankl）在《人类对意义的追寻》（*Man's Search for Meaning*）一书中引用了法国盖洛普（Gallup）研究的内容。研究表明，十个人中有九个人认为人生是应该有目的的，十个人中有六个人声称他们的生活中有些事情值得为之献出生命。

没有冲突和磨难的生命不是充实的生命。生命不是小溪中顺流而下的漂流。恰恰相反，生命的真正本质在于忧愁与快乐之间的动态变化。同快乐一样，忧愁也是生命中宝贵的一部分。

我们的心理健康在于我们对自身和目标认定的力度。挑战是生命的推动力。挑战涉及的范围如此广阔，因而我们必须尽其所能方可应付。那些认为没有力量去做事情的人，往往没有发现自己尚有很多没有被开发出来的潜能，而让这些能力睡大觉。你不能通过放弃某些事来使自己变得强壮，放弃只能让自己变得更加脆弱。

如果建筑师想要加固一个脆弱的拱门，他就会增加拱门上面的重量，并将必要的部位压紧，形成一个更坚固的结构。如果我们想改善某个感到虚弱的病人的心理健康，通常我们不敢增加他的负担。如果他发现自己的生命具有真正的意义，那么他就有可能调动起所有那些原本就具有但他不知道的潜能。没有人比德国哲学家、作家弗里德里希·尼采（Friedrich Nietzsche）更强调这一点："明了生命意义之人，无惧任何生活起落。"

很多人因误认为可以通过放松取得力量而停滞不前。力量是在与阻力的抗衡中被创造的。我年轻时，有一本畅销书《放松就好了》（*Relax and Get Well*）。在这样一个社会里这么说是不足为奇的，因为人们觉得通往幸福的高速公路是彩票、炒股，或者是在北海找到新的油田，而不是辛勤工作。这是一个让人们追求简单答案来解决复杂问题的国家。卡尔·

罗代尔（Kaare Rodal）教授评论这本关于放松之奇妙的书时说，要让一个已经松垮的东西再放松是不可能的。

生命是紧张和放松、工作和歇息之间和谐的互动。如果歇息为上，我们将感到空虚。使我们感到空虚的最重要的症状就是无聊，而且会形成单向思维。我们的思考和行为将与其他所有人一样。

生命像钟摆一样，在痛苦和无聊之间往返。在世界上许多经济发达的地区，无聊似乎比痛苦更成问题。很多人简直烦闷得想死。当他们陷入无聊和空虚时，企图用疯狂的举止来弥补生命的意义，就是为了要得到肾上腺素在血管里冲撞的感觉。对他们来说，这似乎是唯一使他们感到还活着的方式。有些人用的是毒品，有些人用的是性，另一些人用的是极限跳伞、在轮盘赌桌上投注，或者是参与有风险的经济活动。

相当一部分自杀可以归因于感到生命没有意义。有些人认为通过操控别人就可以替代生命中更深层次的意义。一些人认为，如果他们能挣出他们以及子孙后辈都花不完的钱，他们就会感到幸福。

没人有资格为每个人给出合适的、通用的对生命意义的解释。生命的意义因人而异，每天甚至每小时都会不同。只有过着自己的生活的人才能决定他为何而活。在每一个时刻或每一个场合，我们都要自问生命的意义所在。如果只是笼统的提问，就相当于问世界最佳棋手——年轻的挪威人马涅斯·卡尔森（Magnus Carlsen），他最好的一着棋是哪一着。

对我们每个人来说，与我们特有的应付挑战的能力一样，这些挑战也是独一无二的。想想中国的谚语：就近行善胜过远行烧香。

如果不能成功，人们就会怪罪命运、倒霉、缺钱或无才，或者任何他们能想到的托词。然而，不妨就从力所能及的地方开始。与辛勤工作相比，天赋似乎被高估了。我们是自己过去的产物。佛教徒认为此世是前世之果，而来世也未可知。我们可以选择，也有责任使我们的生命如我们所愿。一次为贼不意味着终身是贼。

我们每个人都要在钟声响起的时候，明了自己应该承担怎样的责任，同时要注意不能把自己的价值观强加于别人。最终我们都要为自己的足迹负责。丹麦作家凯伦·布丽欣

（Karen Blixen）说，我们必须在自己有能力的时候在生命中留下印记。否则，我们的足迹将会被风浪抹去。试着寻找一条没人走过的路，把它走成你自己的路。

生命中充满了机会。这个世界上没有万无一失的事情，但是有许多机会在等待着我们每一个人。

3. 我们所怀抱的梦想

大自然是一个宝库。首先，它创造了一个完美的精子。精子昂着骄傲、智慧的脑袋，身怀人类所有奇妙的基因物质。随后，这个精子向前冲去，伴随着它的还有数以亿计的其他精子。在这场关于生命的赛场上，输家就不能穿进卵细胞来开创新的一代了。

在精子的头部，有一串两米多长的基因分子在喜悦地扭卷，形成了一条双螺旋。若成功了，它就高兴得尖叫；若坠入荒芜之地，它就哭嚎。

这串基因分子是亿万年间大自然经过上亿次的反复试验得到的结果。但是，即使有了这一遗传经历，我们每一个人还是得没完没了地屡败屡战。

《纽约时报》(*The New Yorks Times*)的大卫·布鲁克斯(David Brooks)写道，我们继承了一条知识大河，流淌的形式来源繁多。来自演变的遥远的过去的信息，我们把它叫作遗传；几百年前传下来的信息，我们把它叫作文化；几十年前传下来的信息，我们把它叫作家庭；而几个月前获取的信息，我们把它叫作教育。这些所有的信息都在我们的身上流淌。大脑适应了这条知识长河，而只有成为河流里的生物才能生存。我们的思想被这条历史长河深刻定型，无人能够超脱。

伟大的印度诗人、哲学家拉宾德拉纳特·泰戈尔(Rabindranath Tagore)告诉我们，不要为我们犯下的恶行而责怪我们的祖先。他提醒我们，也不要把我们的善行归功于祖先。地下的树根不会为了茂盛的枝叶和丰硕的果实而要求奖赏。

黎巴嫩作家、画家卡里·纪伯伦(Khalil Gibran)在一首诗中说：父母是弓，而子女是从弦上发出去的生命之箭。我们的孩子不是我们的孩子，他们是生命自身所渴望的儿女。他们经过由我们而生，却不来自我们，他们虽然与我们在一起，却不属于我们。

你没有权利通过孩子来过你的生活。他们不该被迫去实现你所失去的梦想，而是需要去追求他们自己的梦想。你已经体验过了生命之河，现在轮到他们了。他们并不因为你生了他们就欠你什么。他们没有要求出生。如果说他们欠你什么的话，那也是你后来为他们做的事。

许多父母把他们的孩子给毁了。厄尼斯特·海明威（Ernest Hemingway）的母亲有个奇怪的习惯。她把小儿子完完全全地打扮成了女孩，让他穿着女孩的衣服，留着长发。在海明威六岁的时候，她不再把海明威打扮成女孩，允许他剪去长发，但是这时候伤害已经造成了。成年之后，海明威的朋友约翰·多斯·帕索斯（John dos Passos）说，海明威是他认识的人中唯一真正痛恨母亲的人。在他的成长过程中，成为男子汉的渴求，比如喝酒或射猎大型野兽，可能就是为了冲出母亲关他的木偶小屋。有人会说这是报复。对我来说，他表现得有点过了。作为作家，他十分成功，1953年获普利策奖，1954年获诺贝尔文学奖，然而这些并没有给他带来多少快乐。在梅奥医院时，医生用电击治疗他的抑郁症，然而收效不大。他们抹掉了他的记忆，同时也使他失去了写作能力。1961 年 4 月，在两次试图自杀之后，他回到了梅奥医院接受进一步的治疗。在使医生相信他已治愈之后，他回到了爱达荷州的凯城。7 月 2 日清晨，他用心爱的 12 号口径波士霰弹猎枪打爆了自己的脑袋。海明威曾经努力地面对父亲的死亡。他的父亲也是要对付自己的抑郁症，企图确定自杀到底是英雄之举还是懦夫所为。他的父亲，克莱伦斯·海明威（Clarence Hemingway），用海明威所敬畏的祖父曾经在内战期间佩戴过的 32 英寸口径手枪自杀身亡。

我们的梦想就像大海，而每一个等待着我们的大海都要有一条河流。父母必须把我们带到岸边，把船解缆离岸，心怀最美好的祝福和信任，送我们起航。

他们不应该给我们提供一份标明了每一道河湾的航行图。如果我们知道了航程中将要遇到的情况，生命就不会成为应有的探险。

有时我会惊讶地听到小伙子们说父亲是他们在这个世界上最好的朋友。我觉得同龄伙伴才应该是他们最好的朋友，而父亲应该是他们在这个世界上最好的父亲。

在出生时我们都没有目标，然而我们必须为自己建立目标。获1920年诺贝尔文学奖的纳特·汉姆森（Knut Hamsun）在自传体小说《杂草丛生的道路》（*On Overgrown Paths*）中说：

“不是有一颗叫作米拉的星星吗？我原来可以观察它的，但是我没有观察的工具。就随它去吧。米拉这颗星星来了，闪亮了一会儿，然后就消失了。这就是生命的周期。人啊，我想起了你。这个世界上活着的人在出生的时候一文不名，你不好也不坏，你生来就没有深思熟虑的目标，你来自迷雾又归于迷雾，你是如此的不完美。人啊，如果你跨上一匹稀有的马，这匹马就变得平淡无奇了。一向如此，时光和道路，渐渐地……

如果你跳下马，把帽子扔到地下，为了你遇到的双眸呢？你没有这个命。

就在刚才，一个满怀希望的新一代从地下飞旋而起。它刚刚出生，天真无邪。我读到了它，但是不认识任何名字，但这没关系。他们都是漂游的灯火，出现，再闪耀一会儿，然后消失。来了又去，就像我，来了又去了。”

可能性无处不在，但是不会总是落在你的门前。

当然，我们利用这些可能性的一些能力是根植于基因里的，比如我们的性别，我们的鼻子是长的还是短的，我们大脑的能力，以及是否有能保护我们抵御内外敌人的免疫系统。在出生时我们得到的无非是画框和画布。画则必须由我们自己来描绘。我们可以画得沉闷无趣，也可以画得色彩生辉；可以是神圣庄严，也可以是邪恶如魔；可以是标新立异，也可以是平淡无奇；可以是不断更新，也可以是保守含蓄。这就是为什么我们要对自己的生命负责。就像艺术家要为其所创作的作品对社会负责一样，但最重要的是对自己负责，因为评论家并不是永远正确的。评论家所拥有的是丰富的知识。他们了解现在如何，历史如何，了解那些围墙。然而，一切富有创意的艺术就是要突破围墙，就像囚犯要在监狱的围墙上钻洞越狱一样。

我们都怀抱梦想。挪威诗人奥拉夫·H·豪格（Olav H. Hawge）对此有美妙的描绘：

这就是我们怀抱的梦想

美好的事情会发生

一定会发生

时光会展开

每颗心会敞开

每扇门会敞开

大山也会敞开

山泉会迸发

我们就会在某个清晨

滑入一个未知的港湾

有权势的人可能会打击我们，把我们打倒。但是我们必须决定是留在原地，还是挺起胸膛进行斗争。那些强迫我们倒下的人可能是评论家，也可能是竞争对手。他们认为可以通过踩在别人身上而向上攀登。没有人能够靠踩在躺倒的人的身上攀到最高点。如果你想要达到自己从来没有过的高度，你必须站在竞争对手和老师的肩膀上，甚至是那些超过了你的人的肩膀上。同时，他们也是挺身而立的。

大约两千年前，圣·奥古斯汀（Saint Augustine）在《忏悔录》（*Confessions*）中写道："那些不够资格的人们认为这些是不公正的。他们用人的法律，用他们当时的风俗惯例来评判整个人类的道德。他们就像不懂铠甲的人，不懂各个部位怎么相接，把护胫甲用来挡头，又把头盔绑在腿上，然后抱怨铠甲不合身。”

我们必须决定接受谁的评判，并欢迎他们的评判，而且要决定拒绝谁的评判。

如果你没有达到自己的期望，不要责怪命运，或者责怪星座。早在占星术在全世界的肤浅杂志上像鸦片一样扩散之前，奥古斯汀就笑话那些占星师。对于这些占星师所说的“你的罪孽是星座造成的，不可避免”或者“这是由金星、土星或者火星造成的”，奥古斯汀说：“即使人是无罪的，他的血肉之躯在腐朽之时还是骄傲自大。”

4. 我在内心里昂然挺立

在学校里一个霸道小子打了一个小男孩。他骑在小男孩的身上，把他摁在砾石地上。被欺负的小男孩直视着他眼睛说道："你可以把我打倒，但在心里我是站得直直的。"

当你为自己认为正确的事情而奋斗的时候，不要畏惧别人的反对。就像雄鹰逆风起飞一样，别人的反对可以让你飞到原来达不到的高度。

诺贝尔奖获得者卡米洛·荷西·切拉（Laureate Canilo Jose Cela）在小说《帕斯夸尔·杜阿茨一家》（*The Family Pasual Duartes*）中写道："我把这本书献给我的敌人，他们在我的职业生涯中功不可没。"奥古斯汀同样也说过："正如朋友们用赞扬毁灭我们一样，敌人可以用羞辱使我们变得更好。”

勇气意味着屡败屡战，永不丧气。勇气意味着一而再、再而三地面对我们自身的恐惧。如果你不害怕的话，那么你是显示不出勇气的。勇气是用来克服恐惧的力量，否则你就不会是个英雄，而是个机器人。

如果你养成了战胜自身恐惧的习惯，你就会逐渐培养起勇气，使你能够达到你为自己设定的现实目标。当人们在你面前摔门而去的次数达到一定数量后，你就不再把它当回事儿了。你知道，在某个时候、某个地方，有一扇门会打开，而你要去找到它。

如果你不知道自己来自何方，去往何处，你的生命将仍旧是一个梦，仅此而已。如果你不知道自己要去往哪里，任何道路或者河流都没有区别。

我们的教育体系似乎在发现大器晚成者方面有所缺欠。在生活的任何领域有所建树的学生往往发力比较晚。克莱格·温彻尔（Craig Venture）就是个典型的例子。他最感兴趣的是冲浪，在高中时学习成绩并不好。虽然他反对越南战争，但他还是被征兵，当了美国海军。他被派到越南，在一家野战医院的重症监护室工作。他曾想游到海里自杀，但在游出一英里后改变了主意。

在越南的野战医院里看尽了伤痛之后，温彻尔决定要当一名医生，但是之后又转为从事生物医学研究。

1972 年，他从加州圣玛蒂奥学院获得了理学士学位，1975 年在加州大学圣地亚哥分校完成了博士论文。许多年中，他在不同的机构做研究员，为后来闻名的挑战和思想充电。他是最先给人类基因组确定排序的人之一，并因首次合成染色体制造细胞而闻名。

温彻尔在少年时期就觉察到自己有注意缺陷障碍（又称多动症）行为。之后，在他的基因中发现了与多动症相关的染色体。

彼得·罗杰特（Peter Roget）同样也是大器晚成。他发明同义词词典（Thesaurus）时已是 73 岁高龄。

如果老师意识不到学习障碍这一问题的话，读写障碍可能会使孩子每天感觉学校都像地狱，而这种障碍与弱智无关。这些人有阿尔伯特·爱因斯坦（Albert Einstein）、理查德·布兰森（Richard Branson）、巴勃罗·毕加索（Pablo

Picasso)、汤姆·克鲁兹(Tom Cruise)、托马斯·爱迪生(Thomas Edison)、列奥纳多·达芬奇(Leonardo da Vinci)、约翰·列农(John Lennon)、英瓦尔·坎普拉德(Ingvar Kamprad)、泰德·特纳(Ted Turner)、亨利·福特(Henry Ford)、汉斯·克里斯汀·安徒生(Hans Christian Andersen)、史蒂文·斯皮尔伯格(Steven Spielberg)以及赢得2009年诺贝尔医学奖的卡洛尔·格雷德(Carol Greide)等，不胜枚举。他们都受过学习障碍之苦，其中很多人在孩提时还被认为“迟钝”。医学研究人员认为，有读写障碍的企业家可以通过下放责任、发展口头沟通能力而取得成功。一些有读写障碍的人说他们因此而得福，自己变成了多面而自由的思想者。

找出你自己的生命之路，就像这些人们一样。不要走主路。挑那些没路的地方走。这样你的足迹就会显现。所有的人在出生时都是独一无二的，但大多数人在死的时候都是千人一面。我们都应该尽力在死去时还是独一无二的。

没有什么可以使你避免生活的阴暗面。失望会在你没有防备的时候打击你。朋友会让你失望，还会出卖你。不要把自己的生命建立在期待别人的帮助或拯救上。唯一可以信赖的手可能只有自己的手。尽力不要让压迫和残酷使你低头或者退缩。对任何欺压或者虐待你的人而言，实际上都是在伤害他们自己。

如果你不为某些事情挺直腰杆，你就会被任何事击垮。没有人会尊敬那些不尊重自己的人。

如果你觉得生活或朋友让你感到失望，那么就要时时牢记艾莲诺·罗斯福（Eleanor Roosevelt）的话："如果你自己不认同，没有人可以让你感觉低人一等。"

5. 身体的焰火

我们在恋爱时发生了什么？我们在成千上万的人群中瞥见了某个人，一瞬间我们的头脑就失控了。

是什么激发了这种神奇的现象？是什么生物信号导致了大爆炸？是什么创造了一个这样的宇宙，即我们所有的思想和行动都只围绕着某颗星辰？亿万个分子像火星风暴一般狂舞，横扫我们的身体，高声尖叫："醒来吧！奇迹发生了！让心跳加速，把所有疯狂的荷尔蒙都注入你的血液里，让所有的神经末梢都警觉起来，放下你手中的所有东西！奇迹来了！"

在电影《蓝色天使》（*The Blue Angel*）中，是什么生物化学和神经电流机制使艾米尔·杰尼丝（Emil Jannings）像哈巴狗一样跟着马林·戴尔特里赫（Marlene Dietrich）直奔地狱呢？是什么使像亚贝拉德（Abelard）这样重要的思想家和哲学家放弃了在天堂的位置，而甘于在巴黎的彼尔·拉雪兹公墓锈蚀、倒塌，化为尘土？这一神秘现象的维度不是科学所能掌握的。科学家永远不能达到它的核心深处，他们只能了解一些皮毛。

直到现在，我都没有写过爱，只写过恋爱，尽管赫洛瓦思（Heloise）和亚贝拉德可能是相爱的，他们却从生至死都在争斗。希望他们在另一个世界里站在了同一边。

恋爱和爱并不是一回事。浪漫也不是爱，它是痴迷和吸引，注定会过去的。

当你恋爱的时候，你和另一个人之间的堤坝决堤了。你们俩冲向对方，相互交融，就像两条河流汇成了一个海洋。

当两个人相爱的时候，他们仍然是两个人。爱是现实，恋爱则不一样。

恋爱中的人通过扭曲的镜片看人，忽视所爱的人的缺点，放大所爱的人的优点。这些镜片甚至添加了恋人所期望的那些特点。

恋爱比爱更像一次奇异的经历。这是一种着魔。我们爱我们的孩子，但我们不与他们相恋。

奇异的情调和性爱不仅是恋爱时的重要动力，在成熟的爱中也是如此。在成熟的爱中，人们对各种情感的平衡做得更好。在一段关系中性爱的重要性因情侣而异，因生活的不同阶段而异。

恋爱几乎都是暂时的。美国心理学家 M. 司格特·派克（M. Slott Peck）说，无论我们爱上谁，如果这段关系持续得够久的话，迟早都会变得平淡。这并不意味着我们不喜欢我们曾经爱上的人了，只是那种幸福的狂喜之感减退了，消失了，或者被其他情感替代了。“蜜月”的“蜜”字变成了其他字，我们又回到了日常现实中。

恋爱意味着坠入情网。在真正的爱里，我们并不坠入情网，我们在爱中升华。瑞典人麦克尔·达伦（Micael Dahlen）在《下一道风景》（*Nextopia*）一书中宣称，通常幸福感持续大约三个月。

有些人的恋爱关系破裂是因为他们互相靠得过于紧密，两个人之间已经没有呼吸的空间。我年轻的时候，若人们相爱，但不在同一个地方，他们会每天都跑去看信箱里有没有情书。读情书的时候不仅看字面意思，还要揣摩字里行间的含意。现在我们有了手机、短信和网络电话。问题在于任何事物本身都没有意义，只有在与其他事物相比的时候才有意义。亲密相守与孤单自怜相对。乘坐机场快车时，我总是能目睹人们在和配偶说话，持续不断，但都是些无关紧要、打发时间的话。其中的一方肯定对这些空洞的闲聊感到厌烦了。在过去，真正地思念一个人、渴盼着恋人久别归来的时光是多么美妙，如今现代科技将时间剪成了碎片。

有时你远在天边，我却感觉你近在咫尺，
有时你每天都在身旁，我却怅然若失。
有时你离开我的时候，我最是思念，
这就是人们所说的爱吗？是的，这一定是爱！

如果你想知道陷入恋爱和经历成熟的爱之间的区别，你就必须了解自我边界对所有人的意义。这些边界保卫着我们的自我，犹如精神上的“国土安全部”。初生的婴儿似乎没有这些自我边界。他们就是整个广阔宇宙的一部分。他们甚至不能把自己的声音与母亲的声音分开，也不能把自己的头和所枕着的枕头分开。

慢慢地，孩子开始将自己与周遭的环境分开，并且这一区分变得越来越强。到了一岁时，孩子知道手臂和腿脚都是属于自己的。至此，自我的感觉继续增长，特别是在心理方面。当孩子两岁的时候，他们认为这个世界上所有的人生来都只有一个目的："实现我的愿望，满足我的要求，而且是立刻！"两岁的孩子外表上看起来像是柔嫩美好的天使，内心里却可能强硬得像个魔鬼。不幸的是，有些人一辈子都活得像两岁的孩子，甚至是已经当了医生、首席执行官或总裁等时依然如此。

随着孩子长大，他们通常开始了解到，这个世界比他们原来想象的要冷酷和坚硬。一般他们都开始去适应这一现实。如果生活变得太难对付了，他们很可能就会乘着幻想飞到仙境里，和臆想出来的朋友们待在一起，扮演他们喜欢的角色。

到了青春期，少男少女们就会意识到，与环境相比，自己的体力和智力都是有限的。如果诚实的话，他们就会承认自身不可战胜的强硬仅仅限于表皮。周五晚上的几个粉刺，或者一句闲言碎语，就能使他们丢盔卸甲。这种情况很容易使他们退缩自闭，筑起心理上的围墙来抵御险恶的环境。这种脆弱性可能应该让我们所有人警醒：我们在讲话时是不是应该想好了再讲？舌头与心是相连的。舌头说出了心中所想，然后话从口出。有人宣称由牙齿组成的坚固防线是为了把某些话挡回去。说出的话就像我们种下的种子。最终它们会长成或苦或甜的东西。如果你种下的是辣椒，那就别指望收获甘蔗了。

在这段生活的脆弱期谈恋爱，如果两情相悦的话，就会感觉是巨大的释放。洪流决堤，你和另一个人相融，化为一体。孤独消失了，你欣喜若狂。你们携手并肩，觉得有能力面对并克服世界上所有的威胁和危险。你们是战无不胜的，一定会的。你们会地久天长。你们之间的感情现在是、将来也是世界上所见过的最伟大的爱。

如果达伦是对的，三个月之后，他就会开始奇怪她为什么会梳这么个傻帽发型。之前他根本就没有注意到这个问题。而她则开始奇怪，为什么他的衣服不是整齐地挂在衣橱里，而是扔得满地都是。然后，其中一个人会甩出一句伤人的话，而得到的回应可能就像反弹的子弹。有人摔门而去，有人泪流成河。

过了一会儿，火气可能消了，一方走向另一方，承认自己有错，甚至全是自己的错。再过一会儿，就可能变成双方都争着去认所有的错。尽管艾尔顿·约翰（Elton John）唱道："对不起是最难说的话。"他们俩可能最终会在床笫缠绵，然后确信这种争吵绝对不会再次发生。然而，下次，下次，下下次，还是如此。直到其中一人认识到，这是一场不应该发生的爱情。自我的围墙重新砌起，一砖一石，或快或慢。曾经扭曲的镜片不再扭曲，现在展示的是对方的真实面貌。灰姑娘又回到了大街上。梦中的王子已经下了白马。流行组合纳扎乐斯（Nazareth）唱着"爱情伤人"。

通常意义上的爱使人投入，而投入会带来变化、分离和失去导致的痛苦。事情就是这样，但是如果要放焰火，你得用爱来点燃。

6. 骄 傲 之 河

有时骄傲会使本应在一起的两个人分道扬镳。

是骄傲分开了他们：

骄傲之河，

难以渡过，

先承认吧，

骄傲不会有结果。

相隔之河，

益少害多，

先呼船夫，

扬帆将你们渡过。

即使是上了年纪的人也会坠入爱河。他们的举止开始变得像孩子一样：开愚人节的玩笑，羞涩脸红，用他们平常不会用或者听不懂的语言交谈。他们就像干柴烈火。挪威诗人霍尔迪思·莫丽·维萨丝（Halldis Moren Vesaas）在77岁时恋上了比她年轻10岁的演员吉赛尔·斯特劳姆（Gisle Straume），写下了美妙的诗歌《我们总是乘电梯》（*We always take the elevator*）。

他们共度了三年美好的时光，直到他于1987年去世。她说她70多岁时的感情就像年轻的时候一样炽热，却比年轻时更为老练。当你年老了，你通常已有足够的智慧，不再费劲想要把伴侣改造成你所期望的样子。

她在诗中告诉我们，他们在第一层有个房间。他们不必乘电梯，但总是会乘电梯。身处小小的电梯厢里，他们变得如胶似漆。每次乘电梯时，他们就会有亲吻的时间。每次他们都会亲吻。于是他们就总是乘电梯……

丹麦哲学家和神学家索伦·克尔克加（Soren Kierkegaard）认为，成年人和聪明的人在坠入情网的时候，就会开始用旁人听起来很荒唐而只有两个恋人才能听懂的语言交谈。

有些人觉得年龄问题很难处理，特别是遇到朋友和家人干预的时候。在米兰·昆德拉（Milan Kundera）的小说《永恒》（*Immortality*）中，伯纳德和比自己年长的劳拉在一起很开心。她忧伤地对他说："我毫不隐藏对你的爱。我是不是不该谈这事儿？你会不会觉得我丢你的人了？"

伯纳德没说话。是的，他觉得她是丢他的人了。他觉得她让他丢人，即使她能使他开心。但他只是在忘记了他觉得她让他丢人的时候，她才能使他开心。

当她让他娶自己的时候，伯纳德突然觉得她看起来老了，过度奢华，而且有点儿愚蠢可笑。如果劳拉决定用他们的爱来筑造一个与喧嚣的社会相隔绝的童话城堡，她就觉得可以留住伯纳德。

劳拉拒绝不战而降，她发起了进攻。

伯纳德则开始撤退。当一方进攻的时候，另一方必须撤退，这是铁律。撤退是最困难的军事动作。伯纳德以数学家的精准进行了撤退：他原来是每周与劳拉共度四个晚上，现在他把去找劳拉的次数限于两次；他原来所有的周末都和劳拉一起过，现在他限于每两周一次；而且他还计划了以后其他的限制。他把自己想象成一个太空船的驾驶员，正在进入大气层，必须紧急减速。他踏下了刹车，小心翼翼但是非常坚定。他那迷人的母性女友慢慢地在眼前消失，逐渐被一个经常和他争吵的女人所替代。她失去了原有的智慧和成熟，变得恶言恶语。

昆德拉在小说中描写了关于蓓迪娜的一个场景。她应该嫁给谁？歌德还是贝多芬？我们都知道，名声是会影响伴侣关系的。这两个神一般的人让她陶醉。歌德已是老者，在当时 60 岁已经被看作老年了，死亡已是指日可待。而贝多芬虽然只有 40 岁，实际上却比歌德要早 5 年更接近死亡。因此，蓓迪娜就像一个温柔的天使，站在两座巨大的红色墓碑之间。她并不介意歌德几乎没牙了的嘴。他俩多好啊！恰恰相反，他越老就变得越有魅力，因为他离死亡就更近了。只有死去的歌德才能紧紧地抓住她的手，把她带进名人堂。他离死亡越近，她就越不愿意放弃他。

要是听懂了我的话，就去恋爱吧，去让自己变得脆弱。全力生活意味着变得脆弱，而坠入情网，或恋爱的感觉，是被称作生命之河的最美好的一片水域。过后的不适反应可能随时会来。可能你不该将你所有爱的秘密展示于世，即使你的心想要将你所有的情感迸发而出，你也要把这些秘密关在心中那个小小的珠宝盒里。

不要忘记，如果你邀请别人分享你的沉醉，他们经常会觉得你是邀请他们分享酒醉后的头疼。很多人对头疼之处尤其感兴趣，只要不让他们头疼就行。

生活不易，婚姻也不易。克林特·伊斯伍德（Clint Eastwood）说过："人们说婚姻是上天造的，但是雷电也是呀！"

7. 绝对关键的一点

恋爱关系可能与战争相似，或者实际上就是一场战争，正如我们刚读过的昆德拉讲的劳拉与伯纳德的故事。这种关系，或者婚姻，不仅存在于两个恋人之间，也存在于商业伙伴之间，或者是政府之间。在这一篇里，我主要谈谈两个人之间的关系，以及危机是如何引起权力游戏的。如果想要对比我提到的其他关系，欢迎自己进行对比。

西蒙·德·波瓦尔（Simone de Beauvoir）说，婚姻的祸根在于人们往往以他们的弱点而不是长处相结合，都是在向对方索取，而不是在相互给予中找到快乐。

很多婚姻方面的咨询师和作家在处理危机中的婚姻时，忽略了绝对关键的一点。通常伴侣中只有一方有兴趣去保住这段关系。另一方甚至连谈及此事都没有兴趣，不管是与对方、牧师，还是咨询师。他或她只想退出，而另一方则变得越来越绝望，觉得一定得采取某些行动才行。很多情况下，绝望的一方会做出一些蠢事，使另一方更加急着退出。

在这种情况下，我们的脆弱性一览无余。没有人能像我们所爱的人那样有力地伤害我们，摧毁我们的自信。爱通常意味着最大的脆弱性。

“没有人知道叶夫列姆经历过多少女人。”亚历山大·索尔仁尼琴（Alexander Solzhenitsyn）在其杰出的小说《癌症病房》（*Cancer Ward*）中写道：“开始的时候，他做了记录，并与记录他的妻子们的那一份分开，后来干脆就不去记了。他的第一个妻子是亚米娜——一个来自叶拉布加的脸色雪白的鞑靼姑娘。她是个非常敏感的姑娘。她的皮肤真鲜嫩，简直是吹弹得破。她也很任性。她离开了他，还带走了小女儿。从那以后，叶夫列姆下定决心，他不能再这么丢人了，每次都得由他先把女人给甩了。”

除了叶夫列姆，很多人也都知道，离弃别人要比被别人离弃容易。虽然离弃别人也不是件容易的事。你会对你离开的那个人心怀歉意，可能对要在父母两方之间作出痛苦抉择的孩子们更是怀有歉意。一个挪威的电视记者在一次访问中谈到分手和离家是多么的困难。当他装完行李箱要离开的时候，小女儿走来，把她心爱的玩具小熊递给他，问他："你想把它带走吗，爸爸？"

在甘沃德·奥普斯达（Gunvald opstad）写的挪威小说《论旅人》（*Travelling People*）中，流浪汉奥拉夫说："真奇怪，只要你和一个姑娘生活在一起，你就像根本没注意到似的，但是过后呢，你就感到难受了。然后你就知道你很喜欢她。或者你永远不知道。真奇怪。令人伤心。然后你又想着要好好过。"

缺乏自信的一方在任何正常的关系中都会与另一方发生问题。健康的自信是推动浪漫关系的真正燃料，如果你缺乏自信，你也得装得像有自信一样。装着有，直至你真正地拥有自信。要是公开表明害怕失去对方，对爱情来说可能是具有毁灭性的做法。

年轻时曾被多人追求过的人会记得，在约会时遇到一些他（她）对你的兴趣比你对他（她）的兴趣要大的人的时候，他们是如何变成难以摆脱的纠缠者的。过了一段时间，你只想着斩断联系，而纠缠者只想着加强联系。纠缠者不停地打电话，不断地到你的住处来，检查你是否在和别人约会。他们哀诉、唠叨、抱怨。

这跟给蜡烛套上盖子的效果是一样的。由于缺氧，火焰很快就会熄灭，对另一个人的尊重也是如此。在恋爱关系中，如果尊重枯萎了，那就无法挽回了。当你失去了对另一个人的尊重，他（她）也会失去对他（她）自己的尊重。

在生活中的大多数其他事情中，对这件事最有兴趣的人会获得成功。意愿、精力以及毅力通常决定一切。然而，在一场浪漫交往之中，对这段关系的兴趣并不怎么大的人则占据上风。

在一段恋爱关系的最初，兴趣较少的一方肯定会因另一方的关注和一系列表明心迹的行动感到很受宠。但是过了一段时间之后，过犹不及，尊重就失去了。作为生日礼物送给你的手织毛衣开始缩小，变成了紧身衣。这说不定还真是最初的含义，但爱情从来不会在禁锢中绽放，只会在自由里盛开。

没有任何东西能比一件爱人亲手织的毛衣带来更多的温暖。但它必须是以自信织成，而不是由缺乏自尊所织成。它显示的应该是温暖和力量，而不是软弱。爱情定律中首要的两点可能是：①具有尊重同伴的能力；②具有倾听对方的能力。这两点往往是不可分割的。

极度渴望爱的人往往追求的是他们永远追不到的人。因为某种原因，我们经常需要那些不需要我们的人。对许多人来说，这就是真正的追逐。要的就是把猎物带回家，向朋友或敌人炫耀，就像人们挂在壁炉上方的兽头一样。

当追逐完毕，兴奋与快感可能也一并消失了。这种爱情游戏显示了游戏者的不成熟，而不成熟的人总是没有安全感。在捉到对方的同时，他们感到自己也被捉住了。他们找到的不是可以满足自我需要的人，而是想通过这段关系来围着对方转的人。这对以自我为中心的人来说是一种挑战。持久而健康的关系必须以相互尊重，甚至是以自尊为基础。如果你想去爱一个人，你也得爱你自己。

如果一段恋爱关系能以适当的速度发展，爱情的纽带就会变得愈加牢固。男低音歌唱家纳·金·科（Nat King Cole）唱道："不冷静下来那可就太热了。"而他所唱的那段爱情以"就那么一回事儿"结束。像火箭一样一飞冲天的爱情，通常会像烧毁了的火箭一样坠落。

一些人需要杰克·柯罗亚克（Jack Kerouac）所描写的那种疯狂的快感，仅仅是体验活着："我所需要的人是那些疯狂的人。他们疯狂地生活，疯狂地说话，疯狂地期待被拯救。在同一时间里要得到一切，他们从来不说无聊平淡的事情，只是燃烧、燃烧、再燃烧。就像璀璨的黄色罗马焰火筒，爆炸起来像星星之间的蜘蛛。你能看到蓝色的中心光线，然后所有的人都叫道'嗷！'"

有时，当关系还处于初期阶段而且较为脆弱的时候，明智的做法是不要把你所有的缺点都告诉你的伴侣。特别注意不要过分和过早地谈论婚姻，就像劳拉和伯纳德的故事一样。如果男神和女神还没有来到生命之河的同一地点，这种关注不一定会带来令人沉醉的幸福，可能只会导致惊慌。

千万不要忘记，所有的关系都在经受各种考验。大多数人在张大嘴咬钩之前要先嗅嗅鱼饵。这些考验千变万化，而考验者通常会不露声色、暗中观察。有的人用这种考验来触及对方内心的感受，希望一探究竟。可能他（她）会挑起一场愚蠢的争吵，来观察对方将如何处理关系中潜伏的危机。有时候，这些考验者会有意不接你的电话，或者过几个星期才给你打电话，甚至若即若离地跟你的情敌调情。

无论使用了什么方法，问题通常都是："我对你有多重要？如果你失去了我，你会怎么做？"暗藏的基本问题就是："如果这段关系不成的话，我们会分手吗？"

你们可以在一起，深爱对方。但是要记住，你们仍然是两个个体，而不是两个人合成了一个人。霍尔蒂斯·莫伦维·萨丝（Halldis Moren Vesaas）在一首诗中写道："当你走向我的心门之时，我也在走向你。但是我们的内心深处都是孤独的。无论我们是频繁相会，还是偶尔小聚，都应彼此信任，内心安宁。"

如果伴侣考验你，你必须证明自己是一个强壮、成熟而且独立的人。不要紧抓着你心仪的人祈求怜悯。你必须昂然而立，放开你的手，让他走。只有在当双方都感到自由的时候，爱情才可能开花结果。歌者史汀唱道："如果你爱上一个人，就给他自由。"

8. 酸 碱 试 验

如果你正在交往的恋人要跟其他人约会，别阻止他们。就说没关系，因为你并不占有另一个人。而且可能你也有想要一起共度时光的其他人。但要想把恋人与别人分享，这是根本不可能的事情。就算你同意，最后的结局也可能是分道扬镳。谁知道呢？说不定生活会让你俩日后重归于好。时间会证明，不用着急。

当我们这么相互考验的时候，并不一定总是精心计划着争抢势头。有时这似乎是人类的思维和脾性中一种不自觉的行为。不经过挑战，得不到永恒的爱情。

当一段恋爱关系经过了一年的坎儿，迈向了婚姻，它还可能会经受最终的考验：关系瓦解。这类似于我们在中学化学课做的酸碱试验。如果要检验一枚金戒指是否是赝品，就把它投入硫酸里。如果戒指是纯金的，那么它将经受住考验，否则就会融化。

结婚前的酸碱试验也是一样。如果关系是真挚的，就能经受住考验，否则就可能一拍两散。在相处的初期分手比后期分手要强些。微风能吹灭蜡烛，却会使篝火更旺。这就是一段恋爱关系中分离所起的作用。分离使小情小爱消失，却会令大爱炽烈。

这种酸碱试验中，关键的分手，通常只是由一方引起的。通常最终结局视被抛弃的一方应对危机的能力而定。如果那颗受伤的心能够保持冷静，下一步可能就是重归于好，步入婚姻。这种情况并不少见。如果情已不再，哀求或威胁都无济于事。在爱情里没人能够强迫。

如果你希望在一段恋爱关系中得到幸福，就不要指望恋人能满足你所有的情感需求。没有人能做得到。如果你遇到了一个可以满足你所有需求的人，那有可能是因为你的需求比应有的要少。要小心，别把这段恋爱关系逼上一条狭窄而危险的小路，到最后走进了死胡同。屏蔽恋爱关系之外的一些嗜好以及与一些朋友的来往，可以使关系得到滋润，保持新鲜。

在这本书里，我不准备全面地讨论性不忠诚的问题。冰冷的统计数字显示，这一现象比我所想象的要严重。当我走在奥斯陆的主要街道卡尔·乔安大街，将这些数字转化成我所遇到的那些上班族日常灰暗的面孔时，这一现象即跃然眼前。

婚姻制度太过复杂，任何局外人都没有权利对局内人进行评判，特别是当局外人不了解当事人的心理状况，不了解不忠背后的原因时。牧师等人尽可以大谈他们在大学里或实际生活中学到的宗教道德戒律。在他们每次审问别人之前，或者坐上审判椅上之前，都应该先审问审问自己。我毫不怀疑肉体或思想的不忠会导致许多婚姻破裂，但我也不绝对排除相反情况发生的可能性。

我仅限于评论我所称的“忏悔症”，即破坏了信任的一方认为忏悔可以冲刷掉过错。他（她）认为，一旦其将不当行为向对方坦白了，他们俩就可以一切从头再来。忏悔者的动机是不是要将罪过的负担转移到被背叛一方的肩上，以此来减轻自己的负罪感呢？婚姻不是一个全天候的忏悔室。至少忏悔者应当反躬自问忏悔的原因：是为了解脱对方，还是为了解脱自己？

在爱情关系中，双方都要保护自己不受自私之害。谁都不应该被利用。但爱情不是一个给与取的关系。不然的话，就变成了一种商业交易了。如果我给你这个，我就要求以那个为回报。爱情不是给与取，而是给予和得到。但是如果有一方总是得不到回报，那么这段关系迟早会寿终正寝。

重要的是，要把我们坠入情网时戴上的玫瑰色眼镜摘掉。不然的话，我们就会忽视婚恋对象的种种预警：不忠、充满仇恨、冷漠、自私自利或者沉溺于毒品。如果情况属实，我们必须重新全面审视这段关系。在不幸的婚姻中生活，比身处最黑暗的孤独寂寞更为糟糕。

那些死心塌地痴情于某个人的人，实际上是欺骗自己而不自知。被追求的一方往往会展现出克制与优雅的形象，而这也于事无补。如果这样的话，双方都在欺骗。实际上，坠入爱河的一方是被欺骗了两次，一次是自欺，另一次是被欺。但是总有一天，他（她）会在婚姻之榻上醒来，发现是与谁共眠。清晨来临，星月消隐，明亮的朝阳昭示了你的伴侣的真面目。

有趣而令人伤感的是，很多人一而再、再而三地犯同样的错误。他们从一段失败的关系走向下一段，一次次地吸引同样的人。只不过这个人换了衣服、长相和名字，却有着和前任同样的缺陷。想想那些走向一个又一个家暴者，或者以一个酗酒者替代上一个酗酒者的女人们。

我不是说让你找一个毫无缺陷的伴侣，成就没有问题的婚姻。一个完整的生活是不可能没有紧张和压力的，否则就会变得沉闷而循规蹈矩。婚姻或一段婚恋关系中的一个要点是要去找到一个这样的伴侣：他 / 她会挑战你，让你变得更好，帮助你挖掘出最大的潜能，不仅是体能上，最关键的是精神上。让你跃过你自认为不可逾越的障碍，在你变得更成功的时候不会嫉妒你。

恋人不应该仅仅是依偎相拥。有时我读到一些关于人们庆祝金婚的报道。其中有些人说他们拥有最为美妙的婚姻，他们从未吵过架，从未对对方大声说过话。这使我感觉好像被请进了一间摆满了人造花的花店。对此有时候我不会轻易相信，而是希望是他们的记忆力不如从前了。

对结婚最迫切的人自然是最容易上钩的人。你甚至都不用在钩上挂鱼饵。他们就像我在住地钓到的马鲛鱼一样。我们用黑色无饵的鱼钩来钓鱼。很多追求婚姻的人是那些急于生孩子的女人。她们感觉自己的生物钟在报警，已经觉察到只差五分钟就到十二点了。对她们来说，对孩子的爱比对伴侣的爱更为强烈。对某些男人来说也是如此，他们需要一个孩子来继承所有权，将家族公司提升到新的高度，或者是害怕如果没有继承人的话，这个世界将失去他优越的基因。

在结婚之前，你应当弄清你的伴侣期望从这段关系中或未来中获得什么。令人惊奇的是，很少人会提出这些问题。更令人惊奇的是，我们想想在买一辆新车之前人们所问的那些详尽的问题。跟你约会的那个人想要孩子吗？要多少个？什么时候要？你们将住在什么地方？你们有什么职业设想？孩子出生以后需要额外精力的时候，谁来承担主要责任？明智的做法是对这些期望进行了解，甚至包括你的伴侣对未来的要求。

请允许我斗胆建议：问问你自己，这个人是不是你愿意与之共度一生的伴侣，或者是不是不可或缺的伴侣。

如果你采纳了其他人的价值观，或者这个社会灌输给你的价值观，爱情有可能会从你的手指缝中流走。结婚的是你，不是社会或者你的家人。

如果你没有爱过什么人，也千万不要认为没人想要你。千千万万的人在寻找他们要爱的人。就在此时此刻，你所寻找的人可能就是正在寻找你的人。如果你没有邂逅那个人，不妨试试网络上的交友网站。“脸书”和其他交友网站也不过是出现了几年时间。

有些人尝试了所谓的“速配”。在某处，相亲的男男女女在桌子之间走动，每五分钟左右就会见一个新的对象。他们并不彼此交换电话号码或者住址，只是介绍各自的工作和兴趣。然后写下他们想再次见面的人所在的桌号，并把它交给组织者。这意味着他们不会觉得被心仪的对象拒绝，而在与网上相识的人见面吃饭时则可能受到拒绝。奇怪的是，许多人会选择与梦中情人的类型并不相符的人。同时，有意思的是，要是遇到你感兴趣的人的话，五分钟的时间转瞬即逝；而如果和不中意的人坐在一起，简直是分秒难熬。

对选择要孩子的人来说，除了抚养孩子外，在婚姻中有一点是非常重要的，那就是给对方自由。不幸的是，大多数人的所作所为恰恰相反。我们采取各种可能的手段——性的、社会的或经济的手段，将对方束缚在我们身边。挪威诗人斯坦·墨伦（Stein Mehren）在《夜之太阳》（*Night Sun*）一书中对婚姻之床进行了描述：丈夫在鼓励妻子振翅飞翔的同时却用脚踩住了她的翅膀。

让你的伴侣展开翅膀飞上高空吧！如果你俩能比翼双飞那就最好不过。

再说一遍，爱情需要自由才能茁壮成长。当双方互相激励，可以投入到各自的矿井去找到埋在那里的金银和钻石时，就会创造出爱的动力。

互相激励正好与在双重祭坛上的互相牺牲相反，就像米兰·昆德拉在《永恒》中描写的那样。他把婚姻之床称作婚姻的祭坛。他说的祭坛指的是牺牲。双方都在为对方牺牲。双方都无法入睡。伴侣呼吸的噪声将对方吵醒，于是一方挪到床的一边，腾出了中间宽阔的地方。他们佯装熟睡，希望伴侣能早点儿睡，这样就可以左右翻身而不影响到别人了。

不幸的是，对方并不会利用时机，因为出于同样的原因，对方也装作熟睡，不敢稍稍动一下。

既不能睡，又不能动，这就是婚姻之床。

给对方自由的同时可能会失去对方，但是如果对方没有自由的话，自己也已是失去自由之人。

9.“你！”毛毛虫轻蔑地说，“你是谁？”

超级智商似乎并不是商业成功的决定因素。之所以持有这一观点，不仅仅是根据我自身的经历，而且有万斯帕·卡德（Vance Packard）的书《追求地位的人》（*The Status Seekers*）为佐证。他引用了莱尔·斯宾塞（Lye Spencer）所做的研究。莱尔发现大多数优秀的科学家的智商在135左右，在美国人中他们绝对是佼佼者。

对于商业人士来说，如果智商指数太高的话，他们似乎在与他人建立关系方面就会有问题。可能会感到奇怪，跟那些级别比他们低、为他们做分析工作的人相比，通常商业人士的智商要低。成功商人的智商在120左右，与军队中军官的智商水平差不多。这意味着他们的智商比平常人高 20%。

商人应该是精明的，但这并不意味着在智商测试中要取得全班最佳成绩。可能情商是更好的标准，甚至社商（social quotient）更为重要。

由于智商较低，对那些想在商业领域有所发展的人而言，不一定是因为他们如果从事其他行业会处于劣势。通常他们选择商业是为了挣尽可能多的钱，取得比在其他行业更高的地位。有些人从事商业仅仅是为了要与顾客建立人际关系。如果他们当了高官，那么通常与顾客间的日常人际交往就会变得很有限了，或者根本就没有。

几年前，我在挪威东部的一个沿海小镇做了一场关于生命与领导力的讲座。在讲堂外面楼道的墙上，我发现了一张用长着胡子的老水手的照片做的海报。海报上写着：在生活中你所需要的就是强烈的性欲和巨大的自我——脑子顶个屁。

我们都明白地位代表了什么，但是当我们想抓住它的时候，它就像淋浴时的一块湿肥皂，很容易从手中滑落。地位代表了特权等级制度中的某个级别，但是地位之梯在不同的地方是不同的，在不同的行业也各不相同。

很久以前，社会学家托马斯·马歇尔（Thomas Marshall）宣称，我们所处的地位反映在我们对待别人的方式以及别人对待我们的方式上。

“你！”《爱丽丝漫游仙境记》（*Alice in Wonderland*）中的毛毛虫轻蔑地问：“你是谁？”毛毛虫可能就像某些邻居一样，看不起我们的渔夫朋友马库斯。

当我们搬进一个新的小区时，其他人就会迅速地把我们放到他们认为我们应该处于的位置上。通常我们很容易就能感觉到在新的环境中是否被接受。甚至孩子们也会感觉到“好”或“孬”。通常在儿童时期是否被接受的感受是非常强烈的。有时候，孩童时期被排斥的感觉是人们在生活中获取成功的动力，他们要比那些打压他们的人更加出人头地。

当然，还有其他不同级别的地位。在有的社会里，钱说了算。在其他圈子里，附庸风雅的人和知识分子会看不起那些缺少文化和没有品位的富人。而且在某种程度上，老钱和新钱的味道闻起来就是不一样，尽管上面印的总统像是一样的。

在当今时代，攀向成功的速度可能是非常快的。此时回想一下亨利·斯坦利（Henry Stanley）说的在非洲丛林里寻找大卫·列文斯通（David Lingstone）的故事。他问那些挑夫，为什么即使他们根本不累也要频频坐下。“我们得不时地坐一会儿，”他们说，“这样的话，灵魂就可以跟得上身体了。”

我们都像树一样。如果我们生长得又快又高，那么我们需要坚实、强壮的根系根植于大地。这些根系在孩童时期就开始生长，使我们在受到狂风席卷时也不倒伏。

有时我会为一些人感到难过。他们所获得的地位靠的是前人的努力。而有一些家庭则像土豆，最好的部分都被埋在地下。

住在周围邻居比自己稍逊色的人，通常要比那些攀爬得有点儿太高的人更快乐。尽力保住职位一定是件令人筋疲力尽的事情。

在挪威的一个童话故事里，有个人想搬到新的地方住，以摆脱妖精。但当他收拾好东西的时候，却瞄见行李的顶部有东西在动。妖精就坐在上面，笑道：“我想我们还是一块儿搬吧。”有时候妖精就住在我们的身体内，不管我们走多远，我们都不能离开自身的妖魔，离开我们自己。我们必须面对它们。

有些地位之梯是相邻的。一个成为著名小提琴大师的穷孩子在地位之梯攀上的位置可能要比隔壁梯子上满揣着遗产的富家孩子要高得多。

通常人们讨厌那些原来认识的社会地位攀爬者。当这些人掉下来后，人们经常会厌恶他们。然而，当他们成功时，人们可能就会忘记了嫉妒，并因为认识他们而感到骄傲。很少有人没有世俗眼里成功的同学和伙伴。

当缺乏自信的攀爬者处于新的环境时，如果他没有注意到本地的游戏规则，很快他就会发现自己正走在滑溜溜的地面上。势利眼的人对是否时尚明察秋毫。当某个社区新搬来的孩子西服革履地出现在生日派对时，他们就会在一群穿着牛仔裤和 T 恤的富家孩子中显得格格不入。《芝加哥论坛报》（*Chicago Tribune*）对想通过花钱进入上层社会的下层人群进行了研究。这些人会购买古董作为具有地位的象征，但用的是新钱。

真正高等阶层的成员上唇紧绷，眉毛轻微上扬，通常想要给人一个印象，即金钱与他们的社会地位无关。他们之所以能过上舒适的生活，是因为品味高尚和有文化。

考虑买房子的时候，不要问价钱和格局，而是要了解小区里住的都是什么样的人，以及你是否与之合拍。

社会意义上的成功可能会在婚姻里遇到麻烦，特别是当配偶在新环境中感到不舒服的时候。这会使在社会上高升的人感到既恼火又无奈。

心理学家史威恩·M·凯尔（Stvein M. Kihle）在关于领导者的书中写道："咄咄逼人、独立不羁和专横强势的妻子并不会因为丈夫感到绝望而有所收敛。是她自己迷失了方向，喋喋不休，因为目光短浅而变得愚笨，或者不是在现实中就是在想象中对丈夫不忠。有些领导者在偕妻子参加高级聚会时会深感羞愧，至少是在不得不与稍具知性的人们交谈时会感觉如此。"这是在 1990 年发表的观点，但可能仍然是正确的。如果女方是成功人士，通常情况也不会有所改善。

如果孩子们被快速高升的父母不停地拖拽着前行的话，他们可能会感到烦恼。他们经常感到孤独，通过不停地瞎聊来麻痹孤独感。有时他们会用酒精和药物来麻痹自己。

我详细地描述了攀爬社会地位的一些具体细节，不是想告诉人们要原地不动，而是恰恰相反。我只是想让人们认识到，成功从来不是完美无缺的。问题是生命中不可分割的一部分。我们不能只求诸事顺风。正如我多次说过的，没有人可以不经历风雨而变得强壮。

最重要的启示在于：无论如何都要做你自己。在你向上攀登的路上，会遇到颐指气使的傲慢；在你掉下来的时候，会遇到轻蔑的耻笑。别想着去当另一个比尔·盖茨（Bill Gates）、沃伦·巴菲特（Warren Buffett）、理查德·布兰森（Richard Branson）或者杰克·韦尔奇（Jack Welch）。有一样就足够了。

永远要做你自己。

10. 多一点尘土

在以查尔斯·布克维斯基（Charles Bukowski）的小说为蓝本的电影《酒心情缘》（*Barfly*）中，亨利·奇纳斯基（Henry Chinaski）说：

“这是一个人人都得干点儿啥事的世界。有人定下了这个规矩，每个人都得干点儿事情，做点儿工作——牙医、滑翔员、缉毒刑警、清洁工或牧师。如此等等。

有时我已厌倦去想我所不想去做的事情，所有我不想去做的事情——比如去印度、洗牙、拯救鲸鱼，如此等等。我不知道。”

酒吧侍应生吉姆回答道：

“你不应该去想。我觉得最关键的是别去想。”

如果以最普通的标准——竞争和成功来衡量的话，有些人觉得他们从来没有做什么事情，或者成为什么人。可能觉得是因为他们不需要成功，没有精力去取得成功，或者缺乏才能。亨利·奇纳斯基可能属于第一种类型，而我们的老朋友——盖布里尔·司格特小说里的渔夫马库斯则可能属于第三种类型，就是那些缺乏才能的人。

“邻居们很快就认定他是个傻子，而且看他身无长物，就不理睬他了。马库斯远非天才，但他也不是个笨蛋。所以人们还是少管闲事。当然，他和你我不一样，但是我们也没有多聪明。他甚至都没有住在自由教堂里没人搭理的税务评估员克里斯托夫聪明。即使那个受到上帝和所有人践踏的鞋匠都觉得自己比他强多了。‘马库斯，’他说道，‘他来这儿的时候，我都不请他坐下。不请，我让他站在门边上。你见过他的小屋吗？那是丽嘉娜的洗衣房。我怎么都不会住那儿。但是就 90 克朗，你还想怎么样呢？我知道他就给了这么多，还为那块地花了 12 克朗。他一买下那间小屋就把它全拆了，然后把它搬进了山沟里。天啊，笑死我了！他还装了个门廊，让那间小屋看起来像座真的房子似的，现在马库斯觉得他就住在城堡里。他还觉得自己有个农场，搭起了棚子和围栏。老天啊，真是个傻子！”

吉约夫·克尔文（Geoff Colvin）写了一本书名为《才能是被夸大了的》（*Talent is Overrated*）的专著。研究者发现，在开始强化培训之前人们很少出现卓越成就的迹象。莫扎特的父亲本人就是一个著名的作曲家和演奏家，而且是一个专横跋扈的父亲。从他儿子三岁起，他就开始对莫扎特进行作曲和演奏方面的强化训练。小莫扎特最初的作曲根本就不是原创的，只是从其他作曲家的作品里搜集拼凑的。老虎·伍兹（Tiger Woods）出生于一个高尔夫强手之家。父亲自称是“高尔夫迷”。老虎在七个月大的时候就得到了他第一支金属球棒——推棒。大满贯网球手安德烈·阿加西（Andre Agassi）的父亲雄心勃勃，对儿子同样是严厉有加。

在去往训练的路上，挪威人杰迪尔·安德烈·亚莫德（Kjetic Andre Aamodt）问他的教练父亲能不能在加油站停下买只热狗。“如果我们这么做，”他父亲说，“你就会在戴着银牌站在领奖台的时候想起那只热狗。”杰迪尔是唯一赢得8枚奥林匹克奖牌、5枚世锦赛金牌以及21枚世界杯奖牌的高山滑雪运动员。

“首先得有天赋,”厄尼斯特·海明威在1993年出版的《非洲的青山》(*Green Hills of Africa*)中认为,“然后必须有纪律。”

生活不易，对马库斯和其他只有一个衡量标准的人们来说的确如此。我在离马库斯的房子不远的一座小房子里长大。父母租了一间小阁楼，贫困的房东来自另一个村庄。门框太小，以至于父亲总是会磕到头。因为屋子里没有厕所，我们得到户外厕所去方便。坐在开了洞的木椅上，冬天的时候会感到冷风在咬屁股。现在我是这座房子骄傲的主人，就住在这儿，还在撞得我父亲头破血流的同一个门框上撞到了头。但我不需要再到户外上厕所了。房间里有了厕所、冷热水和淋浴设备，在以前存放土豆的地下储藏室里甚至还有个澡盆。我还需要什么呢?

有些人患有宝琳·罗丝·柯兰思(Pauline Rose Clance)博士在《冒牌现象》(*The Impostor Phenomenon*)一书中描述的自卑症状。挪威语版的书名为《成功戴着面具》(*Success Wears a Mask*)。尽管别人认为他们是成功的，这些人却觉得自己是徒有虚名。他们对自己的无才缺能如此确定，以至于如果房间里的200人中199个人赞扬了他们，只有1个人批评了他们的话，他们就会忘记所有的赞扬，而把精力都集中在唯一的负面反应上。

“冒牌者”经常恐惧的是，如果他们现在接受了赞扬，他们今后必须一直表现在同一水平，甚至更高的水平上。但是如果他们的成功被认为是碰了运气，那么没有人会认为他们会再次成功。他们可能也知道，成功就是罪恶，你的同伴们永远不会为此原谅你。如果他们接受了“自己是聪明的”这一事实，甚至接受了赞扬，他们可能会变得不受欢迎。有些学生对同伴说，自己取得比实际上能取得的分数要低的分数，只是为了被接受。同样，有些高收入的人试图隐瞒这一点，就是为了不让朋友们嫉妒或感到不舒服。这与那些炫富的人恰恰相反。

有相当一部分人由于觉得没有达到父母的要求而有挫败感。这种挫败感甚至会毁掉了自己的生活。即使在父母去世很长时间之后，他们还是感觉父母在某个地方监视着他们。

罗丝·肯尼迪（Rose Kennedy）在《记忆时刻》（*Times to Remember*）一书中写到了她的丈夫乔。他会反复告诉孩子们不要当家族的失败者。他只关心赢家。今天我们看到了后果。肯尼迪家族一直被悲剧和绝望所纠缠。

不是所有的人都像乔·肯尼迪那样直言不讳地表达自己的观点，但你不必说得过多，就能让你的期望成为孩子们肩上的负担。仅仅是父母成功这一事实就可能成为孩子们的沉重负担。

还有一些人会由于自己成功了而他人没有成功，因此就产生了严重的负罪感。尤其是当他们的成功超过了父母，或者比原定的要成为家族骄傲的兄弟姐妹做得更好的时候。

如果你想要支持那些受到冒牌现象困扰的人，重要的是去使他们确信你爱他们本身，而不是他们的工作。你应该告诉他们你同样爱他们，即使他们没有达到他们的目标。似乎很多父母认为孩子拥有一种内在机制。这种内在机制会告诉他们无何发生什么，父母都会爱他们。不幸的是，孩子们并不拥有这一机制！

你还应该知道，那些只是告诉孩子们道理而不是与孩子们交流的人，可能甚至会隐藏他们自己的思想、赞扬、爱、关心、柔情、恐惧以及疑问。这些人就是最可能把自卑的面具传给子女的父母。

没有一个标准的对成功的衡量。最重要的成功不是由别人来衡量的，而是你自己心中成功的感觉。

让我们回到我们的朋友渔夫马库斯。

“鞋匠对马库斯的小屋说得挺对。它看起来确实很小，而且根本算不上是富足的标志。但是富足在这个世界上并不是一切，还要有整洁、努力和节俭。的确，整洁和努力被认为不如富足，而节俭几乎就不被看作一种素质，反而是贫穷的一个明确标志。富人都假装不知道什么叫节俭。就像一条界线分隔着普通和豪华，小屋的臭气和戴饰带的衣服，以及糖浆土豆饼和鲱鱼。”

马库斯拥有自己生命中的重要部分。

“当这个世界运转的时候，马库斯也跟着转。他没有被抛下，而是和其他人走得一样远。可能他的座位不太好。他坐得比特鲁尔斯和克里斯坦靠后，但是他们行走的速度是一样的，而且和他们一样到达。司机并没有看不起他。他没有受到任何忽视。星星同样属于马库斯，他拥有和克里斯坦同样多的星星，而且拥有同样的权利。在这个世界上克里斯坦可能拥有的更多一点，多几只动物之类的东西，但这些怎么能和星星相比呢？当他和克里斯坦离世的时候，他们将留下什么呢？

克里斯坦可能会多留下一点儿尘土吧，也就如此而已。”

11. 世界上最大的思想库

我们可以是艺术家、科学家或政治家，等等，我们都会在别人身上看到自己。当我们挺身而立并宣称独立时，无论是在舞台上、讲台上，还是荧幕上，都是如此。

我们在这个世界上唯一选择的是要从谁的身上看到我们自己。我们都要加入某类团体，只有个别人强大到足以突破这些团体最重要的规矩。如果这一团体不同意我们的观点或做法，我们必须突破，去找到或者成立一个新的团体。而这是需要勇气的。

被忽视或被拒绝是我们大多数人心中所害怕的。我们都希望抛头露面。我们生怕别人不喜欢我们，看到这么多人小心翼翼，以免轻慢他人，因而造成了多少人类创造力和能量的损失，真是令人可怕。

这个世界上最大的思想库叫作墓地。这些思想库在墓碑的下面埋藏了无数伟大的思想。这些思想被禁止绽放，仅仅是因为他们的主人害怕被批评，或者是这些长眠于此的人们的思想遭到了不如他们的小人物的评判和摧毁。

丹麦作家亚克塞尔·桑德莫斯（Aksel Sandemor）在31岁时搬到了挪威居住。他的小说《逃亡者穿过轨道》（*A Fugitive Crosses His Tracks*）于1993年在挪威出版，其英文版于3年后在美国出版。桑德莫斯的小说描写了丹麦小镇让特（以他在20世纪初期的家乡为原形，也是典型的小镇和社区），镇子里的人们互相都很熟悉。

桑德莫斯是雅克布·魏德曼的密友和酒伴。雅克布跟我说了一些他们喝多了以后发生的疯狂的故事。他们之间的关系可以归结为一个词：暴烈。桑德莫斯在小说中列出了“让特之规”，共有十条：

你别以为你有什么特别的。

你别以为你和我们一样好。

你别以为你比我们精明。

你别以为你比我们强。

你别以为你比我们懂得多。

你别以为你比我们更重要。

你别以为你有啥能耐。

你不许笑话我们。

你别以为有人会关心你。

你别以为你能教我们什么。

小说中认可的第 11 条是：

你别以为我们不知道你的事情。

很多人有过类似“让特之规”的痛苦的个人经历。

因为害怕不受欢迎，或者丢人现眼，使很多人生活在阴影里，而不是走进属于他们的阳光里的原因。

无论你想做什么，你都不要放弃。在格陵兰，人们说当你在行走时用尽了力气时，你正好走了你所能走的距离的一半。

不幸的是，太多的人在即将抵达终点时就停止了奔跑。可能他们缺乏继续奔跑的力量或者毅力，或者是有些事使他们失去了注意力。千万不要忘记，终点前的最后一段赛程是最重要的。

瑞典人哈里·布隆伯格（Harry Blomberg）写道：

“因为你以后会知道
当太阳即将升起
夜晚特别地寒冷
而鸟儿已经开始鸣唱！”

要取得成功，有时你必须有胆量出头。传奇人物——哈佛大学校长詹姆斯·B·柯南特（James B. Conant）曾说：“看看乌龟吧，只有伸出脖子的时候它才能前进。”

在爱迪生找不到辉光灯所用的灯丝时，他曾经受到了嘲笑。批评他的人得意洋洋地说：“你已经失败1200次了。”“我并没有失败，”爱迪生回答说，“我是发现了1200种不能用的材料。”

不要让那些不如你的人阻止你，走自己的路吧。比尔·科斯比（Bill Cosby）说过，他肯定不知道成功后面的秘密，但他十分清楚失败后面的秘密：竭力想讨每个人高兴。

天才就是不断蜕皮的人，但是你不能通过钻进别人蜕下的皮里而成为天才。

天才往往不是好相处的人。作为雕刻家、画家、建筑家和诗人，可以说米开朗基罗一人就概括了整个文艺复兴，但他与同事和顾客相处得并不好。他非常势利，对周围的人来说是个噩梦：贪求名利、金钱、男孩以及热衷于向上流社会攀爬。

在你为某人或某件事情作出牺牲之前，千万不要忘记问问自己为什么要这么做。马丁·路德·金（Martin Luther King）说过，我们心中懦弱的一面总是会问：“这安全吗？”对与他人达成一致的期待会问：“这会受欢迎吗？”而我们的良知问的则是：“这么做对吗？”

如果你想成就伟业，就必须制订伟大的计划。

如果你想成为赢家，你就能成为赢家。当然，你不能在任何时间在任何领域里都成为最佳者。但是如果你相信自己，而不是听信身边那些想要束缚你的人的意见的话，你能够取得的成就可以是令人惊叹的。很多年以前，麦克尔·斯宾克思（Michael Spinks）到奥斯陆的医院来看我。我问他为何改行练拳击。他告诉我，他母亲说他可以成为任何他想成为的人物。他甚至可以成为世界重量级拳击冠军。他说："因为我相当瘦，跟那些伟大的拳击家看起来都不一样，所以我根本不相信她的话。但是我还是开始了训练，最终正如我母亲所预言的，成为次重量级和重量级两个级别的世界冠军。"作为职业拳手，麦克尔连续31场比赛全胜，击败了一连串的著名对手，成为无可置疑的世界次重量级拳击冠军。

在10次成功卫冕之后，斯宾克思升级为重量级，并且在处于劣势的情况下打败了称霸国际拳击联合会多年的冠军拉里·霍尔姆斯（Larry Holmes）。

斯宾克思是第一位以现任次重量级冠军身份赢得重量级冠军的拳手，他在连续的比赛中击败了拉里·霍尔姆斯。

在1988年的最后一战中，野兽般的麦克·泰森（Mike

Tyson）在第一回合开始不久就击倒了斯宾克思。我在奥斯陆通过大屏幕观看了比赛。我一看到他走进拳击场，我就知道他要输了。从他的眼神就可以看出他不想进入拳击场。

斯宾克思的优势在于移动迅速，因此很难被击中。他在贫困社区长大的时候就以这一特长著称。在社区里打架是家常便饭。他不是周围 带最强壮的，却是动作最快的。不仅拳击是这样，生活中的道理也是如此。如果你不擅长进攻，那么不被攻击到的能力也能使你走得很远。商业中也是如此，并不一定总是最大的野兽打败最小的野兽，有时是动作快的打败动作慢的。

斯宾克思给我们的另一个教训是：该停就停，以免被别人打得头破血流。

如果你想当赢家，你得有成为赢家所需要的动力。光有梦想没用。千万别忘了：

赢家使世界上的生活更美好。

赢家是像你我一样的人。

赢家得去冒险。

赢家善于适应。

赢家不忌殊途同归。

赢家不怪罪运气。

赢家成功不靠偶然。

赢家都很有耐心。

这个世界上的赢家知道目标的价值等同于其所需要的努力。

只有出于无私，为了有价值的目标而奋斗的人才能成为真正的赢家。那些只是为了赚钱而竞争的人只不过是仆人而已。金钱和贪婪是他们的主人。

我们必须为某人服务。波伯·迪伦（Bob Dylan）唱道：“你得去为某人服务。啊，可能是魔鬼，可能是上帝。但是你得去为某人服务。”

下决心吧，你想为谁服务？

12. 把纸裁成两半

不论在生活中遇到什么情况，如果你对自己有清醒的认识，知道自己是谁，你能取得何种成就，你就有最大的成功机会。应该总是要努力去取得比你觉得能力所及更多一点的成绩。唯一能阻止你达到所设定的目标的人就是你自己。

如果你没有任何生活的梦想，满足于现状以及已经取得的成就，那就可以跳过这一篇。但是如果你想进步，而且觉得还能奉献得更多，那么这一章就是为你而写。

很多人在长大以后就停滞不前的原因是他们失去了孩童时期的童心、好奇心和冒险精神。他们穿上了盔甲以保护自己不受到失望的折磨，而没有意识到这同时也会使他们感受不到快乐和进步。

人到中年时，很多人就会停下脚步，瞻前顾后。他们认识到已经取得的成绩，并试图了解还能再做些什么。相当一部分人变得绝望，觉得他们的生活就要像灰色的黏土一样变得干燥而僵硬。丈夫开始奇怪他所娶的那个快乐风趣的姑娘怎么了，而妻子则开始奇怪她没嫁成的那个英俊小伙哪儿去了。可能代表着抵御死亡之墙的父母都去世了，下一个离世的就该是他们自己了。

有些人感觉身落败局，惊慌失措。这可以称作中年危机。那些惊慌失措的人可能会以许多方式步入歧途。他们可能会在建立新的关系之前割断所有的老关系，譬如，投身到与年轻姑娘或小伙子的不伦之恋，或者与投其所好、甜言蜜语的健身教练或网球指导同居。

很多人因为恐惧而止步，是由于对未知的未来恐惧。如果你想要前进，就必须摆脱那些不必要的恐惧，而不是那些可能会救你一命的必要的恐惧。

如果你害怕蛇、蜘蛛、鸟或者老鼠，这种恐惧并不是来自这些动物会对你怎么样，而是来自你想象它们会对你怎么样。在心理上是这样。我年轻的时候很害怕蛇，不仅仅是两条腿行走的蛇。有一天一个古怪的朋友路过，带来了一条大蟒蛇。我把蛇借来，让蛇环绕我的身体。我先是把它放在衣服外面，然后放在衬衫里面。我把蛇借了一整天，甚至带回了家。从那以后，我就不是那么害怕蛇了，但是当我碰到漂亮而不知名的剧毒蛇时，为了活命，我还是对它敬而远之的。

恐惧是一种感觉，与其他感觉一样，是可以掌控的。有时恐惧是一种信号，告诉我们自己还活着，即使恐惧会限制我们的自我实现。你必须经常小心行事，但关键是要分清是掌控恐惧还是被恐惧所掌控。你所抵触的将会掌控你，而你所接受的将被你掌控。

患有神经症的人经常会因恐惧而恐惧。如果你害怕进入人多的房间时脸红，这种恐惧就会让你脸红得像玫瑰花一样。同样，这些恐惧会导致你所恐惧的事情发生，绝望会成为你试图得到某些东西时的障碍。一个男人越想展示他的性能力，或者一个女人越是渴望达到性高潮，就可能越是难以如愿。

恐惧通常导致我们害怕的事情发生，强烈的愿望也会使我们不能如愿。这是一种被称作“矛盾愿望”技巧的基本原则。运用这种方法，我们在短时间内强迫自己去期望我们所恐惧的事情。一个害怕和别人在一起时就会流汗的人，仅仅想到这一点就足以让他汗流浃背。要想突破这一恶性循环，他就要集中精力去向人们展示他是多么能流汗。“以前我只能流出一盎司的汗，现在我要流出一加仑，”有时这样想就可能拦住神经质的淋漓大汗。通过在生活的其他领域运用矛盾愿望，你也许也能克服一些让你止步不前的其他问题。

这个世界上有形形色色的人。有知道自己需要什么的人，了解需要什么才能成功的人，能把握自己生活的人。也有所谓的失败者，他们不能够追求自己的梦想，因为他们不知道自己是谁，不知道自己的价值。他们听天由命，任凭他人塑造他们的生活和自我形象。

当然，世界上还有一些潜在的赢家，即步子有点儿跟不上的人，可能需要推他们一把才能启动。可能他们在通往幸福的路上遇到了一些障碍：被解雇了，与他人的关系破裂了，缺乏父母或上司的支持，或者是生病了，等等。这些障碍使他们走得跌跌撞撞。

年龄再大也能建立起新的目标，怀抱新的梦想。但是如果你想有所进展的话，你就得摆脱所有压得你弯了腰的重负。你不能转过身，倒着走向未来，否则你会摔个四脚朝天。

通过以前的教训来增强你的能力，而不要一味地怨恨。你不一定要忘记那些伤害过你或者让你失望的人，而是要通过以前的经历使自己变得更坚强。别让负面思维消耗了你的力量。难道别人把你伤害得还不够糟的吗？为什么还让他们继续伤害你呢?

如果你做了一些让你感到后悔的事情，你必须迟早把它们忘掉。如果你错怪了别人，道歉是很好的开始。在这之后，你必须原谅自己，继续过自己的生活。

有时可以找一张纸，写下你所交往或有业务来往的人的名单。在纸的左边，写下所有那些对你有负面影响的人。在纸的右边，写下对你和自己的生活有正面影响的人。

然后你将这张纸剪成两半，把左边的一半边扔到火里去。

你可以通过自问还有哪些你想加到纸张的右边的人来结束这一练习。试着与他们联系，这可能比你想象的要容易。如果你不去尝试的话，你肯定找不到他们。

当我看到有的人被一些不希望他们成功的浑人所包围，我总是很难过。他们让这些浑人毁了自己的生活。为什么要让那些不与你共享梦想，甚至自己都没有梦想的人去毁灭你的梦想呢?

我不是说让你离开给你中肯劝告的人。这些人是给你具体的批评，不是让你止步不前，而是要帮助你改进。你更需要的是他们，而不是那些对你做的每一件事都赞不绝口的人。实际上，应该把批评你、促你进步的人标在那张纸的右边上方。

三十多年前，我向我的朋友，当时最著名的挪威画家雅克布·魏德曼展示我的一些画作。在得知我在学习绘画而且画了很长时间后他感到非常吃惊。他把我的画作排靠在他的林思文农舍的墙上。他看过我的作品，当我问他的想法时，他看着我的眼睛说:“我认为你应该把它们送给你不喜欢的人。”我大笑起来，因为我知道他是善意的。

后来雅克布告诉我，我的画还行，但就是和其他成百上千的画一样，有点儿像世界语。“你迟早要找到你自己的声音，”他说，“但是我还是先教你怎么画吧。”这就是一段持久的艺术关系的开始。他向我展示了一个色点怎么能够改变一幅由几百个色点组成的抽象画，不同的颜色之间如何互相影响，以及平衡和结构。当他觉得我的水平差不多了，他甚至组织了我的首次个人展。有些评论家认为我的风格与雅克布过于相近。他们宣称我走了捷径，他则是为了完善画艺而奋斗了一辈子。但是雅克布说："别对他们太认真。作曲家让·西贝柳斯（Lean Sibelius）总是说，从来没有人为批评家竖过雕像。"在一部关于雅克布的传记中，身为研究雅克布作品专家的作者说，他认为在我形成自己风格的时期，我们的风格如此相似是有害的。

要确保怒气不会使你的能量消失，你需要这些能量来改善你的生活。偶尔发发火可能对健康有好处，但持续的愤怒则不然。不要让报复的想法像一张潮湿的毛毯一样盖在你的身上。那些值得去报复的人可能都已经在生活中继续前行，你也必须如此。不要对自己说："我要治治他们！"而要说："我要做给他们看！我要成为他们永远难以企及的人物。"你可以做到的就是成为比他们还要高大的人，在你所做的每一件事情上都是如此。

不要被忧伤的情绪淹没，它会使你变成精神上的瘸子。要看到生活中光明的一面，享受能对你的情绪有正面影响的活动。让你的身边围满能使你欢笑的人、意志坚强的人以及希望帮助你前行的人。当我在癌症中心任首席执行官面试求职者时，我总是青睐对这项工作持正面态度的人。我也青睐对生活本身持正面态度的人。我寻找能帮助我在工作场所建立正面氛围、创建团队的人。他们的工作水平一流，而且促使其他人做一流的工作。负面、别扭的人不仅表现低劣，还会带坏整个组织的文化。

把你所感到的愤恨抛到脑后，重返战场。抬起头，放松肩膀。生活并不是对每个人都这样，为什么就让它这样对你？不要让别人把你送上负疚之旅。告诉你自己，无论别人怎么说，你都是一个有价值的人。

如果你想做大事，你就得制订大计划。如果你想要成为幸福的人，你的计划里就得包括你和其他人。你的计划必须超出你自身的物质需求。你也可以影响世界，就像沃伦·巴菲特和比尔·盖茨那样。他们终于得出了结论：死后不能带走一分一文。

聪明的话，任何时候都要在空中保持一个以上的球。也别太多，免得失控，只要有几个就行，这样你就可以把注意力集中在其中的某个球上。如果最大的球砸到了你的眉心也没有关系，伤口一会儿就会愈合，而且因为你的注意力都在其他球上，你可能连伤口都感觉不到了。

失败的时候，不要责怪工作条件、困难时期、愚蠢的法律、你的老板、经费缺乏或者其他原因。这些都不能让你前进。吸取教训，确定同样的事情不会再次发生。转过身去，寻找其他机会。

在这个世界上，成功的人是那些寻找最佳条件的人。如果找不到，他们就自己创造。

13. 对权力的追求

还记得约翰·亨利·苏努努（John Henry Sununu）吗？他曾任第75任新罕布什尔州州长，之后任乔治·W·布什（George H.W. Bush）总统的白宫办公厅主任。《时代》杂志在1990年5月21日刊的封面称他为“布什的坏警察”。在布什的建议下，苏努努于1991年12月4日辞去了白宫的职务。

苏努努曾自诩智商高达180。然而，如果不与智慧相结合，空有智力也是于事无补。智慧有时被称作常识，即使它并不寻常。有人说知识走脑，而智慧走心。

在当白宫办公厅主任时，苏努努被指饮酒过度，追逐女性，当众侮辱下属。据报道，他曾私乘政府飞机去会富商共和党募捐人，去滑雪屋，甚至去波士顿看牙医。苏努努的军机之旅花费了 615 000 美元，而他只向政府支付了 892 美元。苏努努说他有必要使用飞机。出于国家安全的原因，他的身边必须随时有一部电话。一次他去科罗拉多维尔的滑雪之行就花了纳税人的 86 330 美元。这笔钱在 20 年前可是一笔巨款。

在 2012 年总统大选之前的一次访谈中，苏努努称奥巴马总统“懒惰散漫”，并把他与其前任总统相比。苏努努说：“这个总统以为他比那些家伙要聪明。”

所有对苏努努的指控让新闻记者们兴高采烈。他们对此在报刊的头版头条大事渲染。要是在今天，这些新闻会在电视屏幕上每天 24 小时播出。媒体最热衷于追杀那些拥有权力但滥用权力的人。权力就是他们自己也想拥有的东西。

很多人将使用权力等同于滥用权力。似乎只有少数人认为可以使用而不滥用权力。但是领导力就是对权利的妥当使用。领导不善就是滥用权力。权力应该是取得正面成果的手段，而不应为了权力而权力，不能为了私利而使用。罗斯福父子都喜欢权力，康拉德·阿登纳（Konrad Adenauer）、温斯顿·丘吉尔（Winston Churchill）和夏尔·德·戴高乐（Charles de Gaulle）也是如此。

私营领域的领导者也没有区别。多年以来，开明进步的专制被愚昧无知的伪民主所替代。每个人都想参与决策，但是没有人在出问题时愿意承担责任。

我曾经有一个固执己见的同事。她经常惹祸，因为她总是试图通过捷径来达到目标。由于我不是每次都同意她的做法，她对我很失望。我告诉她，我雇用她是想以最佳方式达到目标。有时候绕过障碍比浪费时间甚至可能毁了自己的生活或者工作而去与其相撞要好。正如在河上航行时，你要绕过礁石。这就是为什么好心的人们要建立灯塔的原因。

当领导者想要得到权力的时候，应该是为了公司或者社会的利益，而且是因为他们相信他们能比任何其他人都更好地使用权力。

弗里德里希·尼采（Friedrich Nietszche）在《查拉图斯特拉如是说》（*Also Sprach Zarathbustra*）中写道："对权力的追求，人本身的权力，都是对权力感的提升。"乔治·萧伯纳（George Bernard Shaw）补充说："权力并不使人腐败；然而，如果傻子当权则会使权力腐败。”

如果你想检验某些人的品行，就给他们权力。

可以说，林登·B·约翰逊（Lyndon B. Johnson）是最善于使用权力的美国总统。他一生的工作动力就是对权力和控制的极度渴求。为了在精神上占上风，他曾经让到访白宫的人坐在软沙发上。他们在沙发里陷得太深，脚跟都够不着地。当戴着常青藤学校如耶鲁、普林斯顿、哈佛和哥伦比亚大学领带的访客来到白宫，要向他们所认为的智力低下的总统提建议的时候，总统就请他们到白宫的游泳池里游泳。即使他们想要拒绝，也无法推却总统如此“盛情”的邀请。他给他们提供的游泳裤与常青藤标准相差甚远。不一会儿，这些访客脑子里唯一的想法就是：“赶紧离开这地方吧！”他们的自信全靠脚跟与地面的接触，以及常青藤铠甲。

就像其他药物一样，权力也带有很大的依赖性危险。人们说权力就像一个你想永远与之共眠的女人。在1971年和1973年的访谈中，亨利·基辛格（Henry Kissinger）对《纽约时报》说，权力就是他的终极春药。1982年他做了三条血管通道的心脏冠状动脉旁路移植手术，现在仍身强力壮，尽管事实上他的权力已经有点儿不如20世纪70年代初期任国务卿的时候大了。《时代》杂志选他为年度人物，他甚至获得了诺贝尔和平奖。

一种众所周知的使用权力的方法是设定截止期。如果谈判时对方提出了截止期，这通常是试图逼迫你做出如果有更多时间不会做出的决定。无论遇到的问题是一笔商业交易还是记者就某个紧急事件的电话访问，一定要尽量争取时间。不是因为你感觉不舒服，而是为了取得尽可能好的结果。没有必要做决定的时候就有必要不做决定。

如果在取得了权力后又丧失了权力，你会惊奇地体验到所有随着权力的丧失而失去的东西。你会注意到有多少所谓的友谊是与职务和权力相关，而不是与你这个人相关的。无论人们得到什么样的权力，他们都一定会经历这些东西。不管是因为你拥有的财富，你在内阁的职位，或者是昙花一现的体育健儿或明星。没有人能比过气的明星和很多昙花一现者更能体会这一点了。当他们知道自己被忘却的时候，他们会遇到很大的问题。

“朋友不是从树上长出来的，”诗人科尔班·弗尔凯德

（Kolbein Falkeid）说，“他们就是树。”

衰败总是要来的，只是形式不同而已。挪威作家奥拉夫·邓恩（Olaw Duun）写道：“要谦卑，不要把箭射得太高，以免掉下来时扎到你自己的鼻子。”

很多人在山脚下看到“向上”的标志，就开始向上攀登。但是，在山顶上总是有标志写着“向下”。

千万不要忘记，在下山的路上你会遇到很多上山时遇到过的人，所以你在攀登的时候要给人们尊敬。这样的话，你在下山时人们也会对你报以同样的尊敬。

那些年少就成功的人经常是跨越了我们成为品格优秀的人都需要经过的一些阶段。亚瑟·肖彭豪尔（Arthur Schopenhauer）说：“同时拥有名望和青春对一个凡人来说太过了。”

我的同事本特·斯特恩（Begt Stern）医生自己就遇到过很大的难题。他曾经送给我一本他用瑞典语写的书《超越感觉，面对自己》（*Meet Yourself Beyond All Sense*）。他宣称那些错过正常成长阶段的人，直至回到并经历了这些阶段之后才可能继续发展。斯特恩开始玩风筝，以弥补他失去的孩童时代。他这么做是故意的。其他人这么做则是出于本能，比如那些因名声、疾病或者宗教的误解而被横腰截断了青春的人，以及那些因生物钟开始大声鸣响的人。他们往回走以经历所错过的时光。他们可能会去参加危险的运动项目，如定点跳伞，或者一次次地坠入情网，就像少年一样。

有些人认为才智、权力、荣耀和名声是通过亲密接触传播的。他们喜欢置身于比他们优越的人们之中，比如政客、作家、艺术家、高山滑雪选手、贵族和科学家，甚至是电视天气播报员。这些经历在与名人合影并出现在报纸或光鲜的杂志上时达到了高峰。

《纽约时报》于 2013 年 3 月刊登了长篇文章，描述了在棕榈滩的狂热现象：

“新来的人确实更想上镜，”范菊儿小姐说。

他们有很多去处。像《棕榈滩画报》(*Palm Beach Illustrated*)、《棕榈滩设计》(*Palm Beach Design*)、《棕榈滩女人》(*Palm Beach Women*) 和《棕榈滩生活》(*Palm Beach Life*) 等刊物提供一页页的派对照片。《棕榈滩协会》(*Palm Beach Society*)杂志甚至可以让机构和个人花钱上镜。

然而，最具名望的仍然是拥有 116 年历史的《棕榈滩日报》(*Palm Beach News*)，绰号为“闪亮的纸张”。因为这家日报采用加厚的新闻纸，不会使修剪得体的手指染色。《棕榈滩日报》的发行量只有 7000 册，却因其高端的读者群被称作全国最有影响力的小城杂志之一。

“每个人都看闪亮的纸张，”特朗普先生说，“它跟《圣经》差不多。”

而且跟《圣经》一样，它有自己的族长和家长。举几个例子，包括大卫和朱丽亚·科赫(Julia Koch)、马丁(Martin)和安德瑞·格拉斯(Audrey Gruss)、霍华德(Howard)和米歇尔·凯斯勒(Michele Kessler)。

在高峰期，多娜丽小姐的派对专栏一周要出现几次，而且经常占据了整页，以提供措辞圆滑的关于社交晚宴的回顾，还有十多张笑容满面的夫妇的照片（经常是长着梭鱼脸的年长男人陪着穿戴时髦的年轻妻子），版面设计就像高中的年报一样流光溢彩。她在描述 2 月份举办的一场美国心脏学会的派对时写道：“如果棕榈滩之心晚会是真正的情人节礼物的话，那将会是一颗巨大的，填满了奶油、柔软的、红紫罗兰色的、带有褶饰的心。这颗心被装在一个镶着金边的盒子里。”

我的同胞亨利克·易卜生（Henrik Ibsen）曾经写道：“这就是卑小环境的可恶之处——它使灵魂变得卑小。”

对拥有权力的人而言存在一个问题，那就是权利永远不是绝对的。这也是使我们得以幸免的一点。这就是社会和每个人的安全阀。有人总是走在拥有权力的人们的身后，说“有坑”，即提醒他们小心别摔倒。有时候他们根本就不听，有时候走在他们身后的人被噤声了。然而，迟早这些暴君也会被噤声。

有权有势的人可以因小事，如交通协管员、侍者或记者的粗鲁而大发雷霆。这些人被权势人物认为是低人一等的。这些“下等人”确实有力量去毁掉权势人物的整个周末。人们越有钱，遇到他们认为愚蠢透顶的人时就越容易暴怒。他们甚至会因为过于愤怒而影响到自己的健康。

他们应该记住20世纪美国神学家莱恩霍尔德·尼比尔（Renhold Niebuhr）的古老祷词：

“主啊，赐予我安详，使我能够接受我不能改变的事情；

赐予我勇气，使我能够改变我能够改变的事情，并赐予我能够分清两者的智慧。”

如果他们能记住的话，他们就会在肝火旺盛之前先把停车费交了。

14. 对幸福的狂热追逐

幸福不是目的地，而是一种生活方式，而且几乎总是其他什么东西的副产品。幸福就像一只蝴蝶。如果你静坐一会儿，它可能就会落在你的肩头上。你不能对它吼叫，不能命令它前来。有时它会向你飞来，如果你不追赶它，而是静坐一会儿的话。

顺便问一句，你上一次弯腰去嗅玫瑰花是什么时候?

人们过于热衷于对幸福的狂热追求，幸福却从他们的指缝间溜走。正如我曾经说过的，幸福本身永远不应该是目的，而是其他东西的副产品，是奖赏。

你永远不要让伟大的思想妨碍了微小的乐趣。

你所有的慈善捐赠和善行都像借贷一样，将来都会有偿还。研究表明，很多富有的人支持善业时比对财富紧抓着不放还要幸福。因此，当你有钱有势时，一定要使用它们，而且是用在有所需要的人们身上。

流行艺术家艾米尔·桑德（Emile Sande）唱道：

“如果你在寻求大冒险
一心只想着淘金
如果你就想要有人给你拍照
那我就别浪费你的时间

他们说我对你来说可能太沉默
你可能从来没有注意过我
但是你实在是难以去追随河流
你怎么能找到大海呢？

跟着我吧，我就是你的河流，河流
由我来替你流淌
跟着我，我就是你的河流，河流

由我来替你移山
跟着我，我就是你的河流，河流
我来让你不停流动
跟着我，我就是你的河流，河流
河流，河流”

罗索尔·H·康威尔（Russell H. Conwell）在1921年写了一本小书《成英亩的钻石》（*Acres of Diamonds*），描写了他沿着伊朗底格里斯河的一次旅行。

河流导游给他讲了一个应该是真实的故事，说的是一个住在印度河边上的人亚尔·哈发德（Al Hafed）。他有一个带着果园和花园的漂亮农场，一个美丽的妻子和可爱的孩子。这是一个幸福的家庭。他很富有，因为他知足。

一天晚上，一个老牧师告诉了他世界的起源，有很多珠宝还没有被发现，包括钻石。如果农场主能得到几颗钻石的话，他就可以买好几个农场。

听了牧师的话，农场主不再满足于现状。他卖掉了所有财产，开始到处寻找钻石。几年后，他的钱花费一空，只能衣衫褴褛地游荡。

在海边，一次大潮扑岸，他心甘情愿地葬身大海。

有一天，买下他农场的人在流经农场的小溪里饮牲口，突然发现水里的沙石中有东西在闪光——是一颗钻石。实际上还不止一颗。他发现了有史以来藏量最大的钻石带——戈尔康达钻石矿，这里有成英亩的钻石。

这个故事的寓意是说，很多时候你不远万里寻求的财富可能就在你的后院。它们可能正瞪着你呢，你却视而不见。

这个故事还说明，知足的人就是幸福的人。

话说伟大的亚历山大希望在葬礼上他会躺在敞开的棺材里。他要把双手张开，掌心向上，告诉大家：即使是征服了世界的伟大的亚历山大，死去时亦是两手空空。

我们离世时能带走什么？唯一能带走的是我们的善行。对基督徒来说，在审判日到来时要面对上帝。我听说他可不是好糊弄的。对其他人来说，他们的遗产则在米兰·昆德拉所说的小永恒或者大永恒里。他当时提醒的是那些得到了大永恒的人每天都在接受评判。

有些人相信可以给死去的人送东西，这样死去的人就可以在另一个世界里使用。像挪威海盗一样，他们会在遗体周围埋葬很多日常用品。中国的皇帝则是将仆人杀了殉葬，甚至是整支兵马俑军队，就像我们在秦始皇陵看到的一样。秦始皇在 2200 年前统一了中国。

在尼泊尔，我目睹了一个印度教徒在巴格马蒂河边的火葬。这条河被印度教徒和佛教徒认为是圣河。它穿过加德满都河谷，将加德满都和拉力普尔分隔开。在火化之前，先把遗体在河里浸三次，把火化后的骨灰扔进被垃圾、废物和未处理的污水严重污染的河水里。把做成糕点、米饭和水果样子的祭品放在蕉叶碗里，并让它们随着所爱之人的骨灰顺流而下。

这就是我们结束生命的方式，葬于地下，或者与众多垃圾一道在神圣的污染之河里漂流。

对于生活在相对富足的西方人来说，他们比较容易认可佛陀：他拥有了一切——爱、成功、金钱、才能和威望。然而，他将这一切置之一旁，去寻求更深刻、更持久的事物。他因此达到了大永恒。

富足意味着什么？是否我们认为只有百万富翁才算是富

足的？如果我们衣食无忧，算不算富足？有整洁的房屋算不算？有足够的食物和整洁的房屋呢？

虽然我遇到过一些显著例外的情况，我曾经为放射医院基金会和其他事业募捐，总的感觉还是认为拥有最少的人给与的会最多。就像著名的扎尔法斯（Zarephath）的遗孀。她富有同情心，善良而且乐于自我牺牲。上帝选择她不仅仅是为了创造奇迹。他选择她是为了提供服务。这一选择除了给她本人带来福祉，还与服务相关。当预言者艾力亚（Elijah）遇到这个贫困的寡妇时，她正在搜集柴火，用所剩无几的饼和油做最后几口饭。她做的饭都不足以使她和儿子充饥，但她还是让给艾力亚吃了。

我们的朋友渔夫马库斯很穷，但是很快乐。

加布里尔·司各特（Gabried Scott）写道："幸福看起来靠的是外在的东西，实际上并非如此。外在的事物都是手段。幸福是人们心灵深处的东西，是首要而唯一所依靠的东西。一个人可以生活富裕、随心所欲，但他了解到的幸福经常不如一些一路奋斗而需要谨慎度日的人。幸福是心灵的一种功能，因人而异，虽然每个人对其都有同样的权利。很多时候这种功能也会发育不良，使心理永久受损，再也感受不到幸福。于是就去追求外在的满足，因为目标早已从意识中消失了。

马库斯的心灵没有受损。马库斯的功能非常完备。的确，他也有他的忧伤，他的困难拖累着他，烦恼令他彻夜难眠。但是他的心灵永远是纯真无邪的。他是如此的知足常乐，因而使自己的身心都不受疾病等的困扰。随遇而安是幸福的摇篮。简单的人思想开放、目光清澈、反映自然，接受所有美丽和纯净的事物，无论高低，不计价值。”

如果你有足够的金钱，你可以买来陪伴，但买不来亲密。你可以买来性，但买不来爱。你可以买到东西，但买不到价值。你可以买到人，但买不到朋友。

我有很多熟人，但密友很少。我感觉有很多朋友的话一定是个负担。他们当中有很多人觉得你得整天关照他们，或者你觉得他们得关照你。用不着超过六个人来抬你的棺材，有时四个就够了。但亲密的朋友在你需要的时候都会在场。你用不着与他们日夜相守。知道你需要的时候他们会在就好了，或者更好一些，他们知道在需要的时候你会在。友谊建立在互相信任的基础上。很多人想致富，但达到目的之后他们发现财富并没有给他们带来所追寻的幸福。

在希腊神话中，狄俄尼索斯掌管的葡萄喜获丰收。他把葡萄酿成美酒，举办节庆狂欢。他让美达斯国王随心选择一个愿望作为奖赏。美达斯希望得到点金术。

美达斯对他的新能力欣喜无比，随即付诸实验。他点了一根橡树枝和一块石头。它们都变成金子了。他兴高采烈地一回到家里，就命令仆人摆了一桌宴席。

于是，最初利迪亚的国王美达斯因为可以点物成金而趾高气扬，但是，在看到食物变得硬邦邦、饮品成了金色的冰后，才明白这个能力其实是个大烦恼。他只能在对黄金的厌恶中诅咒曾经的祈求。

为此雪莉·贝希（Shirley Bassey）在1964年的詹姆斯·邦德（James Bond）电影《金手指》（*Goldfinger*）的片头曲中唱道：

“金手指，就是他，有美达斯点金术的人，蜘蛛的点击，多么冰冷的手指……但是别进去，小心他的金子之心，这是颗冰冷的心。”

美达斯痛恨他所贪求的能力。他祈求狄俄尼索斯，求他使之免于饥饿。狄俄尼索斯听到了他的祈求，同意了，告诉他到帕克托拉斯河去洗手，所有他放进河流里的东西都会变成触碰之前的样子。美达斯照着做了，当他触摸到河水时，魔力流入河水，河沙变成了金子。现在美达斯成了一个厌恶荣华富贵的人，并搬到了乡下。

让我们回到“来自大海的呼救声”中另外一个情节的作家纳森尼尔·霍桑（Nathaniel Hawthorne），在1852年的《给女孩和男孩的奇书》（*A Wonder-Book for Girls and Boys*）中，霍桑的版本说的是美达斯王发现，当他触碰女儿时，她也变成了金子。

直到今天，还有一些孩子被金手触摸，却没有得到他们在生活中所渴求的幸福。就像芭芭拉·休顿（Barbara Hutton）一样，作为美国社交名媛，伍尔沃斯公司的继承人，她却经常被称作“可怜的小富妞”。

西北大学的心理学家格伦·V·波顿豪森（Galer V. Bodenhausen）将消费与畸形的、反社会的行为进行了关联。他发现：“在引发消费者思维方式的情境中，人们都在健康福利方面显现出同样的问题模式，包括负面影响和社会的离析。这一点与个性无关。”虽然自 20 世纪 50 年代以来美国的消费水平有了大幅增长，幸福水准却一直平平。

在2013年3月的《纽约时报》上，格兰姆·希尔（Granham Hill）写了一篇名为《简约生活》（*Live with Less*）的文章。这篇文章解说了过多的东西是如何使他的生活变得杂乱无章的。然后他清理了非生活必需的东西。在 30 岁之前，希尔因出售了一家因特网的新公司而腰缠万贯。他搜集并拥有了很多东西，但是不久之后这些东西却“占有”了他，而且开始破坏他的生活。他拥有位于西雅图正在成型的国会山社区中的一栋 3600 平方英尺的世纪豪宅，而且还有一个专职购物员。专职购物员到各类商场用拍立得照相，照下所有他认为希尔可能会喜欢的用来填满房子的物品。后来，希尔将住处缩减为纽约 SOHO 区的一栋 420 平方英尺的单间公寓。在西雅图，他的房子和东西成了他的新雇主，给了他一份他从未申请的工作。现在他有很多钱，生活简单了，旅行轻松了。他占的面积小了，但是他的生活更为开阔了。

15. 英格兰女王的妹妹

米兰·昆德拉描写过艾格尼丝坐在扶手椅中等待保罗的情景。他们在等待法国称之为“乡村晚餐”的晚餐。她一整天都没吃东西，因此非常困倦，就随手翻阅一本厚厚的杂志来放松自己。她已经没有力气去读文字，只是看看彩色图片。杂志中有一篇关于航空表演时发生灾难的报道。一架燃烧着的飞机坠入到观众中。照片尺寸很大，占了整页篇幅。照片显示了极度惊慌的人们四处奔逃，还有烧焦的衣服、烧伤的皮肤以及从身体上升起的火焰。艾格尼丝忍不住地盯着这些图片。她想到了摄影师突如其来的狂喜，他已经厌倦了观看那些空中特技。运气向他冲过来，一架燃烧着的飞机从天而降！

她又翻了几页，看到了海滩上裸体的人们，大字印刷的标题写着：“这些照片是不会被收入白金汉宫的相册里的！”一篇短文在结尾写道：“有一位摄影师在场，公主又一次处于舆论的中心，这都归结于她的危险关系。”有一位摄影师在场。到处都有摄影师在场，躲在灌木丛中的摄影师，装扮成瘸腿乞丐的摄影师，到处都有眼睛，到处都有镜头。

艾格尼丝想起了在自己小的时候，她认为上帝看到了她，而且是一直在看着她。她为这一想法感到惊奇不已。这可能是她第一次感到某种快乐，就是那种人们觉得自己被看着时感到的奇异的快感。那是违背他们意愿的观看，亲密时刻的观看，以及被曝露时旁人目光的冒犯。信教的母亲告诉她：“上帝能看到你。”母亲想以此来教育她停止撒谎、咬指甲或者掏鼻孔。然而适得其反，她在纵情于这些坏习惯时，或者在肉体亲密接触之时，艾格尼丝想的是上帝，是为他而表演。

艾格尼丝想到了女王的妹妹，对自己说如今照相机代替了上帝的眼睛。所有人的眼睛代替了唯一的眼睛。生活变成了一场狂欢，人人都置身其中。每个人都能看到英国的公主在亚热带的海滩上裸体庆祝自己的生日。照相机似乎只对名人感兴趣，但在飞机失事并且将某个普通人的衣服点着的时候，照相机也会感兴趣。

米兰·昆德拉说："人们对政治和别人的利益越冷漠，对自己的脸就越着魔。这就是我们这一时代的个人主义。"

倘若你默默无闻，渴望拥有 15 分钟的名声，你是可以得到它的，如果你是某次严重医疗事故的受害者、某个惊天谋杀案的目击者，或者你自己就是一个著名的凶手的话。举个例子，2011 年 7 月，安德斯·伯灵·布雷维克（Anders Behring Beivik）在昏昏欲睡的挪威杀害了 77 个孩子和成人。如果你和名人们混在一起，你也可以在报纸和闪亮的周刊上露个脸。然后你就出名了，至少是知名了，并被纳入大众的狂欢之中。但是这与乐趣无关，而是严正地通告，没有任何人再会有藏身之地。而且我们中的每一个人都会受到所有的人随意摆布。

挪威人罗尔夫·亚科布森（Rolf Jacobsen）在诗集《想想其他事情》（*Thinking of Something Else*）中的《媒体诗》（*Media Poem*）里写道：

现在所有这一切都要被塞进我们的眼睛。

所有色彩的电闪雷鸣，痛苦的哭喊尖叫。

无尽的尼亚加拉般的印刷油墨。日复一日，日复一日。

泛滥的尼罗河般的不成熟的思想。坚持。腾出地方。

将它填满，以后还会有地方。扔掉旧东西吧。

扔掉它。新的更重要。与时代保持同步。这意味着现在。

把它塞进你的眼睛。塞进去。塞吧。

把它塞进新闻播报。不再有容纳长篇解说——思考的空间。把它扔掉。

你现在有了第三只眼睛，你懂的。

所以你能看到全世界——差不多。

（无论如何，她的色彩鲜艳，也许不完美，那也差不离。）

几乎看到并知晓一切——

只有我们的主做得到（以他的方式）。

但是这让他快乐吗？他们对此没有评论。

因为活着的我们不再真正地快乐。
不像儿童，不像鸣唱的云雀，不像田野里的百合花。
因为我们看到、听到的再也不会离开。
雷鸣电闪。我们被塞满，日复一日。
好似被喂食机向大脑灌输，像鸡群一样
紧挤在我们的笼子里——只要打开，它就会进来。
没有人可以拒绝。你要做的就是坐在那里。

罗尔夫·亚科布森说得有道理。当我们打开电视机时，电视节目经常使我们感到厌烦。

20世纪70年代，我遇到过心脏科医生克里斯蒂安·巴纳德（Christian Barnard），他在医学史上首次进行了心脏移植手术。他在自传中吹嘘说他六个小时内与三个女人睡了觉。他吹嘘他与女演员吉娜·萝萝比丽姬达（Gina Lollobrigida）和女歌唱家、演员弗朗索瓦·哈蒂（Farancoise Hardy），以及许多许多其他人的风流韵事。

他自己发布了这些风流韵事之后，又威胁要起诉一位心理学家，因为这个心理学家把他的行为称作男孩在体育馆澡堂里的青春期少年吹牛。这个例子也许说明了聚光灯下的人们是如何间或丧失判断力的。

令我时常感到惊讶的是，人们让媒体将他们的私生活源源不断地展现给人看。有的人出售或透露爱情故事，订婚、艳遇、婚姻、分手、堕胎或者药物依赖，不一而足，好像这些都是跳蚤市场里的旧货。他们不是把自己展现在某个人眼前，而是展现在全世界人的眼前。同样有趣的是，名人，或者伪名人，在五颜六色的刊物上出头露面，占尽了好处。要是哪家刊物写了他们不认可的东西，他们就会威胁要起诉。

在《维多利亚》(*Victoria*)中，纳特·罕姆森(Knut Hamsun)是这么描述爱情的："那张纸散发出来自她胸脯的香味。她把纸展开给他看，那是献给她的四行短诗，献给白马背上的夫人。这是发自内心的纯真而炽热的表白，是不可遏制、跃然纸上的爆发，好似天空中涌现的群星。"

今天的八卦小报会怎么表达呢?

"维多利亚怀孕了吗？"

瞧瞧那些性感的照片，读读磨坊主儿子秘不告人的信件！

密友大爆料。

一个八卦周刊的独家报道。

为什么我们要八卦？因为我们相信我们知道但别人不知道的关于某些人的某些事，而这会使我们有一种拥有权力的感觉。

昆德拉在《永恒》一书中详述了在临死之时，由于经常有照相机对着你，个人的意志到哪里去了。如果某个人已经不属于他自己，那么他就会完全从属于其他人。以前人们在照相时总是会问能否给某人照相，即使对方是儿童。但是现在很少有人会再这么问。照相机的权利被抬高了并超过了所有权力。就在这个转变发生的时候，一切都改变了。绝对就是一切。

在昆德拉的书中，身为记者的伯纳德偶然成了媒体聚光灯下的人物。他当然梦想过成功，却没有梦想过成名。因为成功和成名完全是两码事。成名意味着很多人知道你，但是你不知道他们。他们认为可以知道关于你的一切，而且他们表现得就像你是属于他们的一样。演员、歌手以及政客们在如此向他人炫耀的时候，当然是会感到某种乐趣的。但是伯纳德不想体验这种乐趣。

伯纳德从来没想过要得到聚光灯下的荣耀和名声，他需要的是待在暗处的人所拥有的权力。他要的是能够捕杀老虎的猎人权力，而不是那铺虎皮地毯的人对老虎的赞美。

如果你醉心于追逐名声，那你一定要小心，做公众人物会像使用其他致醉物品一样令人上瘾。你很容易就会忘记自己在某种程度上可以控制上升的过程，但你永远不知道坠落何时到来，到时媒体会如何报道。

你最应该认识到的是，一个人的价值不是以媒体对你报道的多少来衡量的。

16. 最危险的寄生

在纽约东村的曼哈顿第七日复临派教堂的墙上，悬挂着一个镶了玻璃的盒子，里面是帕斯托·维克多·戴汶（Pastor Victor Dyman）牧师留下的启示信息：利己主义是最危险的寄生虫——它扼杀真正的爱。美国先锋集团共同基金奠基人和前执行总裁约翰·C·柏格（John C. Bogle）在 2008 年以这样的故事作为某本书的开头。故事是关于作家库尔特·冯内古特（Kurt Vonnegut）和约瑟夫·海勒（Joseph Heller）参加的某个亿万富翁在牛尾岛上举行的一次派对。库尔特告诉同伴约瑟夫，他们的东道主是一个对冲基金的经理，他一天挣的钱比海勒从他广为流行的小说《第二十二条军规》自出版以来挣的所有的钱还要多。海勒回答说："是的，但我的某些东西他永远都不会拥有…… 这已足够。”

《这已足够》(*Enough* ）也成为该书的书名。库尔特·冯内古特解释说，这本书寻求“用一点人道主义给毁坏我们的头脑下点儿毒”。

在犯了六次心脏病并进行了一次心脏移植手术后，83 岁高龄的约翰·C·柏格（ John C. Boglo ）在共同基金领域说话时仍有人听，而且他懂得生活和生命的价值。

当我在挪威长大时，我们参加过童子军营，学习如何打绳结，如何不用火柴生火，以及如何帮助他人复苏。现在富人把孩子送到营地去学习华尔街的语言，毁坏了他们的头脑，破坏了他们关于何为生活中重要的和有价值的观念。我在美国机场的一个书店里发现了关于这种疾病的一个迹象。我买了一本罗伯特·T·清崎（ Robert T. Kiyosaki ）和莎朗·L·莱希特（ Sharon L. Lechter ）合著的《纽约时报》头号畅销书《富爸爸，穷爸爸——富人如何教他们的孩子看待金钱，而穷人和中产阶级却不这样做！》(*Rich Dad-Poor Dad——What the Rich Teach Their Kids about Money——That the Poor and Middle Class do not!* ）

当你在成功之河冲浪时，挣越来越多的金钱，工作时间越来越长，很容易忽略了孩子。你总是在别处，即使当你在家中，你的心却可能在别处。

还有一次，我在《纽约客》(*The New York*)上看到了一幅画。在客厅里，一家之主的父亲坐在桌子的一边，对孩子们说："在我们进行这次家庭会议之前，我们先轮流说一下姓名，然后简单地介绍一下自己，如何？"

真正的赢家不会把工作当成日常必做之事或者出于责任感，而是出于兴奋和兴趣。他们总是要试着极力寻求那种芝加哥心理学家米哈利·希克斯泽特米哈利(Mihaly Csikszentmihaly)所描绘的挑战带来的"川流不息激情"的感觉。激情川流不息是"一种在行动过程中的心境，是指一个人在采取行动时的全身心精力的集中，完全的投入，并且在行动过程中乐在其中。从本质上来说，激情川流不息的特征就是完全融入所从事的事物之中"。

如果你对某件事发生了兴趣，你会对此集中精力。同样，如果你对某种事集中了精力，你也会对它充满兴趣。许多我们感兴趣的事物在本质上或许并非如此，但是由于我们下了工夫，愿意去关注它们，它们因此而变得有趣。

这种集中精力的状态被称为激情川流不息。你有一种强烈振奋的感觉，这时时间已不复存在。这是当绘画被全面展开而且占据了整个画布时艺术家所感受到的感觉，或许是米开朗基罗面对大理石料时已窥见大卫的雏形而其他人根本无法看见时的那种感觉。科学家在看到别人从未看到的东西时会感觉到“激情”，这是一名外科医生完成了一个他认为根本不可能完成的手术时的感觉。

激情川流不息是幸福的秘密之一，至少对于那些感受到它的人来说是这样。它是那样令人激动和兴奋，以至于即使得不到任何报酬你也愿意为此付出。

尤其是企业家，他们更容易乐于在工作中感受激情川流不息之感，因为他们可以自由选择他们面临的挑战。

几年前，我读到了一个关于努力工作的外科大夫的故事。这位外科大夫得到了应有的与妻子到海边沙滩度假的机会。在度假时，有整整两天的时间他都在读犯罪小说以使自己放松。但是第三天，他自己找到了当地医院，为当地医院主动免费做外科手术。这样，在假期后来的日子里他就没闲着，而他的妻子在享受着沙滩。回到家后，两个人都认为他们度过了一个美好的假期。

热情对于渴望成功的人士而言是最好的驱动力。这种热情如果加上一些务实精神的话，这种组合将是不可战胜的。

许多人认为在这个世界上最重要的技能就是给所有可能和不可能的问题找出正确的答案。然而，最重要的技能不是找到正确的答案，而是找到正确的问题。许多学校都没能教会学生这一课，这就经常导致学生询问那些他们已经熟悉了的题目的愚蠢游戏，仅仅是为了显示他们有多么聪明。问问题应该是学习新事物的一种方式，而非炫耀我们已经知道了什么。小一些的孩子更聪明，他们之所以提问是为了获得答案，因而变得一天比一天更聪明。

发烧问题专家——塔马仕·巴特法（Tamas Bartfai）是一位在加利福尼亚拉荷亚的斯克瑞普斯研究所化学生理系的教授。他讲了一个很有意思的故事，是关于他与发了烧的女儿的一次讨论。她问他蟾蜍和蛇是否会发烧？他无言以对，也不知道答案。但是他知道这绝对是个好问题。那么冷血动物会发烧吗？

这个故事显示了科学中经常发生的事，某个兴趣领域之外的人提出了一个令人惊异的“愚蠢”问题。这个问题会触发研究，为专家已经走偏了的研究课题提出新的视角。事实上，没有“愚蠢”的问题，只有愚蠢的回答。如果你要在知识和智慧上得到长进，就不要怕犯傻瓜一样的错误。想一想我们在学会滑雪技能之前像个小丑一样摇摇晃晃的样子。在现实中，我们所有在任何领域的进步都取决于我们有多么乐于使自己看上去荒谬可笑。

如果你获得的成功超过了自己所有期望的话，这将导致自我毁灭行为。因为失败的种子有可能就隐藏在成功之中，就像成功的种子有可能也会隐藏在失败之中一样。如果智力不能与日益成功同步增长的话，你可能无法在已有的进步上更上一层楼。不要过于在意你的形象，而要在意你的诚信和正直。如果你被要求参与可疑的没有把握的活动，你一定要问自己：“这种活动是否与我的人品或者我希望具有的人品和个人原则相符？”

追寻你的梦想，珍惜你的成功，但是一定要与同伴分享。如果你已经爬上了通向成功的梯子，不要为了阻止他人的成功而将梯子抽掉，要慷慨大度。

对一个组织的领导来说，最重要的事可能就是要建立一个部落，一个令人骄傲的部落。在这个部落中，人们为他们的工作感到自豪，而且为他们所属的组织感到自豪。如果你是领导，你必须决定在车上你愿意留下谁与你同行并到达目的地，哪些人则是你必须要摆脱的。如果与合适的人同行，你会到达正确的地方，虽然可能汽车行驶的方向并不是你一开始计划的方向。当今世界竞争激烈、变化迅速，大的不一定能把小的吃掉，但跑得快的先行者一定会将动作慢的吃掉。

大度些！爱、成功和幸福就像香水。如果你把它们洒向他人，他们也会紧紧地跟随着你。

当今的世界生病了，“症状”是贪婪、奢侈、嫉妒和自怜，以及其他所有的根植于内心的沉重。

17. 领头羊也是一只羊

与其他任何物种相比，人类的特点就是相互之间关系的脆弱性。当上帝创造出我们时，他原本可以使我们坚如花岗岩，面对批评时无懈可击，自信、安全而独立，但他却让我们易受伤害并相互依赖。

如果有人说我们骨瘦如柴、肥胖、丑陋或者愚蠢，我们可能会崩溃。但是这么一句话就会影响我们的自我感觉并使我们变得脆弱。

当耶稣基督用一种动物来形容我们时，他没有选择狮子或老虎，大象或犀牛，他将我们称为羊群。如果说羊有何特征的话，那绝对不是力量、个性和照顾自己的能力。羊最突出的特点就是脆弱和依赖于牧羊人。耶稣基督将自己称为牧羊人，而不是无所畏惧的驯狮者。

我们一定要意识到伴随着我们的弱点，原因在于要把这些缺点转成良好的素质，也是为了成为自己的牧羊人或者自己的领头羊。

除了一些黑色或者带有斑点的羊各行己路外，在整个历史上，人类的举止就和羊群一样。其中有人找到或者得到了一个铃铛，就把它挂在脖子上，然后继续赶路。无论这只铃铛的声音是否走调，马上其他人就会紧随其后。这群羊的直觉可能是生死攸关的。《圣经》上说耶稣基督是个不错的牧羊人（约翰 10：11），但是他还是需要一只领头羊照看羊群。在约翰生命垂危之时，耶稣把这个位置交给了彼得。领头羊属于羊群，同时又是牧羊人可以信赖其会跟随着自己的羊。它被赐予了一个铃铛并由其他羊群所跟随。这只羊特别重要，因为它是这一群羊的领导，是失落羊群清晰的归航信标和同类的照看者。

有时领头羊不仅自己会陷入麻烦，还会使其他羊误入歧途，后者造成的问题更大。如果你站在曼哈顿第五大道，目不转睛地朝上盯着某个窗户看，人们会马上围拢在你身边并往同一个方向看。他们完全忘了自己是谁，要到哪里去。对他们而言，最重要的事情就是别错过那个窗户，那里肯定会发生什么事。不一会儿，一些人开始想会发生了什么并询问其他观望的人。如果你说有人在用枪指着一个妇女的脑袋，人群中的议论会变得越来越嘈杂，甚至有人会报警。有些观望者希望不会发生什么事，而另一些观望者恰恰相反。他们希望可以发生一些令他们与邻居或酒吧里的伙伴兴奋的谈资，这样他们就可以在自己的小世界里成为人们注意的焦点 。

之所以羊群直觉效应使我们如此脆弱，原因就在于它使我们的批判力变得迟钝。我们愿意相信人们在讲真话，而且我们总是在寻求可以追随某个人。他可以代替我们思考，而且替我们承担我们自己的生活责任。找到某个真理去相信，却不知寻求真理比真理本身更为重要，因为所有的真理都是相对的。

通常我们容易忘记领头羊也是一只羊。它不过是在脖子上挂了个铃铛。它跑在我们前面越远，我们就越难分辨铃声跑没跑调。

通常有以下三种人：

* 少数做事情的人。

* 许多观望发生了什么的人。

* 绝大多数人是不知道发生了什么，并且为什么会发生。

从众心理对许多艺术家来说是一件好事，如果买家知道一些他们所买的物品的内幕的话，这些物品会更受欢迎。大多数买家买的都是为多数人所追捧的作品，追随潮流。没有人会有勇气说出皇帝没有穿衣服。绘画因此从一件艺术品变成了财富的象征，一件可以向客人展示你对艺术界的潮流了如指掌的炫耀之物。我常常将传奇蒙克收藏家拉尔夫·斯坦特纳（Rolf Stenersen）的建议告诉向我询问的人："买别人不买的东西，买你自己喜欢的东西。"

有些人是制订潮流的人，而其他人只是追随者。冰岛的斯努尔斯·图拉松（Snorre Sturlason）撰写的《北欧传奇》（*Nordic Saga*）中讲到一个这样的例子。一些商人带着一些要卖的灰色羊皮航海来到挪威西部，但是没有人想买这些丑陋的羊皮。于是商人向国王哈拉尔德抱怨。国王说："给我一张吧！"（潮流制订者从来不用付钱）然后把羊皮披在肩上当作斗篷。其他维京人看到国王用了灰色羊皮，就改变了主意，每个人都想要一张。羊皮很快就售罄。如果商人带了足够的羊皮的话，他们能卖上两倍不止。从那以后，国王哈拉尔德有了一个名字：灰斗篷哈拉尔德。

人类的从众心理还会使人们参加极端教派。在教派中他们被更大的社团以摧枯拉朽之势毁坏了心智。也正是从众心理，使有的人开始吸烟、酗酒，或对毒品上瘾。

唯一能把你从从众心理危险中解救出来的方法是在自己的四周画一条线，确保无人可以擅自进入。这并非意味着你要与整个世界隔绝，因为很少人能在围墙后面或铁丝网里茁壮成长。我们都需要其他人的陪伴和激励，我们需要知道的是他们和我们之间的边界在何处，以及何时我们开始实施边界控制，就连玫瑰也会有刺保护它们。

如果你遇到了一个正在将羊群领入歧途的坏牧羊人，你要与之对抗。如果你把牧羊人变得可有可无，羊群就会找寻一位新的牧羊人。如果你自己想要成为牧羊人或首领，你就应牢记匈奴大帝阿提拉（Attila）的话："无力的首领率领的是无力的匈奴，强大的首领率领的是强大的匈奴。"

要在童年时期就做好对不利环境的影响的最好防范。要使这些防范发挥最佳作用，就必须用自信加固它们。你需要知道自己是什么样的人，想要获得什么样的成就。你要高度自信，这样就不会被这些防范所限制，只是在需要的时候防范他人。你要完全接受自己。

感受自己的价值对成长和心理健康来说至关重要。如果父母可以通过爱来让孩子感到自己很有价值，那么这种感觉在以后的生活中很少会改变。那些没有从家庭中获得这种安全感的人，要通过更大的努力才能在今后的生活中获取这种感觉。

孩子需要坚定地从内心感受到这个世界是一个安全的地方。这意味着他们必须相信身边总是有会善待自己的人。有些父母以有害的方式破坏了这种信任。为了更快、更有效地训练孩子，他们用分离作为威胁，而使孩子听话顺从，"如果你不这样或那样做的话，妈妈和爸爸就会走开，让你自己待着"，或者，"如果不把饭吃完，我就不再爱你了"。

时至今日，情况完全反过来了。父母希望孩子模仿光鲜的时尚杂志里那些瘦骨嶙峋、厌食的模特。孩子需要感觉到父母之所以爱他们是因为他们可爱，而不是因为他们吃什么或不吃什么。当某个人开始过度节食，就很难改回来，因为头脑和常识也同样缺乏滋养。

在小说《虚荣的篝火》(*The Bonfire of the Vanities*）中，汤姆·沃尔夫（Tom Wolfe）描写了变成“社会X线片”型的时髦骨感妻子。有了这种看起来像X线片一样消瘦的母亲，孩子是很难养成健康的饮食习惯的。

佛祖也变成了一张X线片。他和另外五位苦行僧度过了艰苦而严峻的六年，以此控制自己的身体和思想。禁食使他变得瘦骨嶙峋，触摸腹部时都能够感觉到自己的脊梁骨。然而，这并没有使他离涅槃更近一步，忍饥挨饿没有让他找到极乐。同样，年轻、厌食的姑娘们既找不到极乐，也无法达到涅槃，只能成为来自父母、朋友和时尚行业怂恿的牺牲品。

如果父母能够给孩子一种安全、可靠而又温暖的内心感觉，孩子也会延迟索求对于他们成就的回报。回报总是都在，就像家和父母总是都在一样。

如果孩子缺乏安全感，他就会要求即刻的回报。或许是在工作完成之后没有人给予他们回报。孩子的思维方式跟商人及手工业者在与不可信赖的顾客打交道时的思维方式一样，而不好打交道的顾客看起来是越来越多了。

延缓得到回报直到工作完成，这种能力是生活中获得进步的关键性前提。无论是我们与恋人的关系，还是所面临的工作任务，这种能力取决于自律，而非其他。

德国人说："白天工作，晚上待客！"意思是我们应该在白天工作，而在晚上接待客人，在欢乐的派对之前先把苦活干了。

自律不是让我们穿上紧身衣，它意味着我们用一些别的、符合人性的东西取代一些我们已经失去的本能。这绝不是说我们要放弃自由，恰恰相反，你绝不会因为遵循为自己制订的规则而失去自由，你享有一种被自己掌控的自由。

对单身母亲或单身父亲而言，主要问题或许与经济无关，而是因为没有一个能够调整自己与孩子关系的生活伴侣。如果你对孩子过于严厉，伴侣会让你更加冷静。如果你对孩子过于放纵，另一方则会拉紧缰绳。孩子会感到，如果事情太不公平，总会有一个可以申诉的法庭。要想达到这种平衡，父母之间必须彼此信任。

有人认为首先割断家庭纽带的人是在不安全、争吵、家庭暴力以及酗酒的地狱般环境中长大的孩子。奇怪的是，这些孩子往往在精神上依赖这个悲剧之地。他们通常出于不安全感而对大门外的世界心怀恐惧。因为如果本应成为他们最亲密同盟的家庭成员都如此不堪，那么其他家庭的其他人或许更加恶劣。他们有自己的家庭需要照料。

有些孩子看上去熬了过来，并从悲惨的童年中获得了力量。我通常将他们称为“款冬花儿童”。款冬花是雅克布·魏德曼最喜爱的植物，它的生命力很强而且耐寒。春天它破冰而出，甚至能够穿透沥青。

在良好家庭环境下成长的孩子很快会感觉家庭太狭小了。背着安全和自信的旅行袋，他们向一个欢迎他们的世界出发。

他们不需要领头羊，他们自己带着铃铛，他们找得到自己的路。

18. 墙上的裂缝

创造力是一个被小人物经常拿来滥用的大词汇。它如此之大，定义含糊不清，被滥用至此，以至于我在使用这个词时竟然感到有点儿尴尬。实际上，创造力是一种生活方式，一种探索未知的意愿，一种打破常规以及使自己摆脱思想上束缚的勇气。有创造力的人从包围着我们所有人的墙上的裂缝向外探望，他们用崭新而独到的目光看待这个世界。

所有的孩子都充满创造力。但随着长大成人，探险的冲动通常被安全感的需求所取代。有时家长和老师压抑了孩子的创造力。这种压抑就像大坝一样。值得庆幸的是，长河大江几乎总是能冲破大坝，奔流入海。

请保住你孩子般的创造力，培育你的赤子之心。这比用图表和资料填满大脑更加重要。头脑应该像一口喷泉，而不是一座水库。一位挪威政治家曾经说过他聪明的兄弟知道一切事情，但也仅此而已。

如果你珍惜自己的创造力，并将它带入岁月的溪流，你将获得一笔比任何以美元或欧元计算的保险金还要优良的养老保险。对不能保持心智敏锐和思维活跃的人而言，在面临年老和孤独时他们就会感到束手无策。

许多人以缺乏创造力的日常工作虚度一生，一旦有朝一日他们不得不离开办公室，就可能直接踏入真空。在许多勤奋工作的成功人士的眼中，偷懒就像一场梦，但他们很快就清醒了。通常他们惊讶地发现，偷懒的需求很快就能得到满足，甚至超过了满足。如果坐在海滩椅上远眺大海度过余生可以让你感到心满意足的话，那么你必须具有某种特殊的才能。当最大的财富就是时间时，你需要一些令人兴奋的东西去将它填满。

有些人认为有创造力就是买一些时尚的家具，做一个大大的商标，在胳膊和腿上挂上收费表，或者就像电视连续剧《疯子》（*Mad Men*）里演的那样，开办一家广告公司。创造力不是你可以用钱买来或者盛装参加的一项活动。它是你在孩童期间就具有的一种能力，也是你在一生中都需要培育的一种能力。真正的创造力是离开熟悉的老路，去找寻你自己的路。

当你听到“有蹄类野生动物”一词时，你的脑海中是否会出现一匹斑马？为什么不是呢？因为你的头脑已经被知识和经验填充得不那么灵活了，你习惯于用统计概率去衡量事物和变化，而且按照常规惯例去做一切事情。

几年前我在纽约第五大道的杰尼亚时装专卖店里看到了一张海报，上面写着：英雄所见略同（Great minds thinks alike）。事实并非如此。英雄各有主张。某一天画家雅克布·魏德曼坐在森林里的一段树桩上，他突然发现树林地面就是他可以画出来的一幅抽象画。

做一些与众不同的事，如果给你的是横格纸，你可以用其他方式书写。

有些人似乎认为那些所谓社会底层人士的创造潜能比其他人弱，而事实并非如此。许多最富有创造力的人往往是在贫瘠土地上盛开的花朵。

重要的是你要睁大双眼，充满好奇，以崭新的目光看待这个世界。最富有创造力的灵魂能够冲破循规蹈矩的教育体系的禁锢。在枯燥无味的教育中深受其害的人或许就是创造力备受压抑之人。正如我先前写到的，长河大江总是能奔流入海。大多数人都生活在安全的需要和冒险的冲动之间的张力场中。富有创造性的头脑总是会期待去做那些复杂的、令人兴奋的和不可预测的事情。养老保险和变得富有的可能性都不在考虑之内，一心只是为了要去创造。

通常有创造性的人就像从母本树上长出来的蓓蕾。母本树成了哺育他们的良师。他们的首创精神和创业项目与他们最初从事的工作并没有直接或紧密的关联。

具有创造力的人士有时过于大胆，飞得有些过高，比周围人感觉安全的高度还要高。最好的环境就是人们不会把在高空飞翔的人打下来。人们需要不时地以不惹人注目的方式提醒一下高飞的人关注一下高度表，以确保他们不会超过了翅膀所能承载的重量而栽到地上。如果用手轻握牵线，你就可以让在天空中的风筝飞得更高。

科学和艺术上的最好成就都是在由创造性人物和掌控者

恰当搭档的机构里取得的。即使是创造性人物，或许特别的创造性人物，都需要使他们的观念和现实进行摩擦和融合。环境氛围和小组成员之间的人际关系对获得最优成果是至关重要的。小组的成功取决于坚定而清晰的讨论，所有成员都要通过讨论充分表达自己的意见。他们对一件事可能不会持有相同的观点，但无论他们做什么，都要给每一个小组成员以同样的尊重。只有在全体小组成员都认为手头的任务十分重要，而且大家都拥有一个共同的目标，即尽力取得最佳结果时，小组才能有效地工作。诺贝尔奖更多的是被那些与培育过诺贝尔奖的团队一起工作的人们获得的，看来小组全部成果的贡献比每个人贡献的总数要大得多。

我们的未来取决于富有想象力并且迫切想要改变世界的人。一些园丁要把邪恶、汲取养分的杂草除掉，即使偶尔会除掉某些有活力的植物也在所不惜。

有创造力的人或许非常聪明，但这不是必要条件。有的人说科学家和艺术家在创造力的方式上有所不同。科学家所寻求的答案都在大自然之中，等待着人们去发现。如果 X 教授没有发现答案 Y，还会有其他人发现它。这只是时间问题。科学家解决的是与周围世界有关的问题，而艺术家则是创造出他们自己的世界。如果莫扎特不曾出生，我们今天就不会听到莫扎特的音乐。如果毕加索不曾在世，那么这个世界上就永远不会有毕加索的画。

创造力并不是建立在心智的平衡上。有时我们发现当艺术家接近精神疾病状态，即精神错乱时，他的创造力可能会提升。一个有创造力的男人或女人应该接受自己非理性的一面，但是我们不应该认为有创造力的人会持续处在心理不平衡中。许多人比其他人更加稳健，而且他们通常对自己的个性以及他们所能应付或不能应付的事情具有异常明晰的洞察力。

富有创造力使人经历丰富，但是也会使人紧张，因为具有创造力的人经常在创造期和被古希腊哲学家称为倦怠的静止期之间挣扎。当他们被困于其中时，甚至可能对自己的人生观感到厌倦。

如果你认为可以调试自己的创造周期，使之符合时间安排表或日历上的时间空当，恐怕你会感到失望。创造力不懂那些掌管我们社会的规则。

一家挪威报纸在诗人罗尔夫·雅各布森离世前采访过他。他说:“我上了床，安静下来，准备入睡，这时我首先看到的是画面。那时意识是能感受到的，幻影在移动，入睡前这一小会儿我们才仅仅是我们自己。然后我打开灯，取出床脚下的记事本潦草地记下了一个念头，不然第二天它就不见踪影了，清晨是最糟糕的。”他笑了笑，又说:“我经常在夜晚用铅笔和记事本。我的妻子佩特拉还活着的时候，她说经过我们房子的人可能以为我们住在一座灯塔里，因为灯一会儿明一会儿灭的。”

我的朋友，乡村歌手威利·纳尔逊（Willie Nelson）曾对我说他不会将所有想到的歌都记下来。虽然在一次飞行中，他在清洁袋上草草地记下了杰作《疯狂》(*Crazy*)。他说:“好歌总会回来的。”“你怎么知道？”我问他，“你只是记下了回想起来的那些歌，而不记得所有那些可能已随风而逝的歌。”“此话有道理，”他说着笑了起来。

有些艺术家如果出了名，他们会重复自己的成名作，因为这是大众想要的，是好卖的。安全感扼杀了创造力。动物学家德斯蒙德·莫利斯（Desmod Morris）做过一个实验。这个实验是想要了解猴子在利益驱使下的行为。他先让猴子随意画画儿。猴子画出了许多有趣的东西。然后他开始用花生作为给猴子作品的回报。猴子很快就开始尽其所能地重复最初的图画，以获得更多的花生。莫利斯将商业化引入了猴子的世界，也因而毁掉了一只“艺术家”猴子。

19. 不要随波逐流

一条河流就是一条河流，有时它看起来好像永远就在那里，不曾改变。但是流动的河水不再是，也将永远不会再是同样的河水，水总是在变化和流动的。正如哲学家所说，当再次踏入某条河流时，它已经不再是原来的河流了。当某人进入我们的生活时，生活也再不是从前的生活了。如果我们获得了新的智慧和知识，我们就不再是从前的我们了。随着时间的流逝，河流通过在陆地上的摩擦、找寻方向、侵蚀、搓揉、冲刷并拓展了河道而变得宽广和深沉。秋天，河面上漂着金色的落叶。冬天，河水冻结成冰，可以用它的肩膀安全地托起我们，但也可以成为危险的陷阱——冰层断裂，将我们送入深深的河底。春天，它醒了过来，好像经过了长长的冬眠，获得了新的生命。

永远不要随波逐流。掌管好自己的时间和自己的生活。对于不去寻求机会的人来说，他们很难看到机会，而机会往往不会再来。我们怎能将一种浑浑噩噩、四处游荡或者随波逐流的生活称之为生活？

史蒂夫·乔布斯（Steve Jobs）曾追随着好奇心和直觉而莽撞进入某项事业。后来这项事业被证实是无价的。2005年他在斯坦福大学对毕业生的讲话中举了这样一个例子：

“当时里德学院可以提供或许是全国最棒的书法教学。在整个校园里的每张海报和每个抽屉的标签上，都有着美丽的手写体。因为我辍学了，所以不用去学通常的课程，我决定参加书法课程，想学学怎么写出一手漂亮的字。我学习了各种字体，学习了如何改变不同字体组合之间的字间距，以及版式为什么能做得这么漂亮。那是一种科学无法捕捉的美感、历史感和艺术般的精妙。我发现这太有意思了。

我当时压根儿没想过这些知识在我的生命中会有什么实际用途。但是10年之后，当我们设计了第一款麦金托什电脑的时候，这些知识全派上了用场。我把它们全部设计进了

Mac。这是第一台可以排出好看版式的电脑。如果当时在大学里我没有旁听过这门课程的话，Mac 就不会提供各种排版字体和字间距比例适当的字体了。若非 Windows 系统复制了 Mac，个人电脑可能未必会有这些功能呢。如果我没有退学，我就不会去书法班旁听，而今天的个人电脑大概也就不会有出色的版式功能。当然，我在念大学的那会儿，不可能有先见之明，把生命中的点点滴滴都串起来。但十年之后再回头看看，生命的轨迹变得非常清楚。”

在生活中我也有过类似的经历。年轻时我做过很多事，仅仅是出于热爱和喜欢就去做了，但是当时并不知道有些技能日后是否还能派上其他用场。随着成熟，而且可能多少更有智慧了，我领悟到，用不同的丝线可以编制出一幅有用的挂毯。

史蒂夫·乔布斯没有追随潮流，他不像河面漂浮的木桩那样随波逐流。相反，他与河水抗争，因此，他感觉到了我先前描述过的“激情”。

在挪威有一系列童话都是关于一个名叫阿斯克雷登（Askeladden）的人物。人们都管他叫“灰小伙”。故事与笨蛋杰克以及笨汉汉斯很相像。看似比他更聪明、更招人喜欢的哥哥们急功近利，但往往事与愿违。阿斯克雷登诚实、快乐，而且看待事物只是从他认为或许会有用作为出发点。他收集了很多穿破了的鞋底和山羊犄角，到最后这些东西全都派上了用场，并为他赢得了公主和半个王国。

“道”是中国文化中对通往启蒙或完美精神状态的道路或途径的总称。

“我们可以借助‘道’而漂流，但并不是指不需要航向。如果说‘道’像一条河流，知道哪里有岩石肯定是有好处的。”美籍华人作家、艺术家、哲学家、教师和武术家邓明道（Deng Ming-Dao）如是说。

要保持头脑的活力。像肌肉一样，头脑也需要常常使用，特别是上了年纪后。肌肉会随着年龄的增长而减少，因而需要坚持锻炼。头脑也是一样，需要保持头脑的灵活运转，不然它将衰退而变得僵化。人或许会因思想僵化而产生淡漠和无情的人生态度。

许多人认为他们仅有一个大脑，但他们忘记了肠脑（gut brain）。肠脑给予我们一种判断某事对错的本能感觉。这与直觉有关。直觉不是瞎猜。它是每小时一百公里的智力。你一生中所学到和体验到的一切在一瞬间被激发，这如同从“A”立马跨越到“Z”，而不需要在任何其他字母之间逗留。

肠脑是一个重要的生存工具，野兽可以通过本能的直觉嗅出恐惧，但是人类往往出于常识和礼貌压抑了这种直觉。

事实上，直觉能使女性免遭强奸。假若你是女性，从来不喜欢到地下车库去取车，这或许只是一般恐惧的一种形式。但某天晚上，如果你有一种强烈的近乎痛苦的恐惧，认为自己今晚不应该到地下车库去，那就不要去！拿出手机叫一辆出租车吧。

如果某个晚上你从一家餐馆出来时，一位迷人的男士走向前来说你正处在一个危险的社区，但是他可以陪伴你安全地回到家中，这时你要说：“不！”请一定说：“不！”而且一定不要忘记“不！”是个完整句，没有商量的余地。不要故作客气。他在劝诱你，他是一个侵犯者。他是一个强奸犯的概率比你随机找一个送你回家的人要高出很多。不要让他穿着得体、彬彬有礼、巧舌如簧及令人着迷的气质迷惑了你。许多性骚扰者都是如此。不要忘记，“着迷”是个动词，人们总是使某人着迷以达到某种目的，无论他想要的是什么。要确保第二天犯罪现场取证警员在河里打捞起来的尸体不是你。

最重要的事不是你有多么优秀，而是你要做到多优秀。总有些人比你强，但是你不一定要比别人多么强，你只需要比自己的过去强。

在很大程度上讲，生活的艺术就是掌管好时间的艺术。

几年前，我给挪威一家商业周刊的读者提供了以下十个建议，或许能够帮助他们从日常工作中得到更多自由的时间，并且帮助他们免于过度劳累。

* 找出你没有必要花费时间的所有事物。
* 永远不要填满你的约会日程表。
* 集中精力做好眼前的事。
* 跟别人讲话时要注视他们。
* 根据你的状态和注意力选择任务。
* 做你必须要完成的任务，拖延会让时间溜走。
* 把你害怕遗忘的想法和主意记下来。

* 通常说来，要是能做到 90% 的话就已经足够了。

* 根据你真正的需要选择想要做的事。

* 要有选择的自由并紧紧把握住它。每天如此。

有意思的是，人们把电话和电子邮件变成了可怕的工具，仆人变成了主人。即使十个电话中有九个都是无趣和没有必要的，人们还是会从浴缸里跳出来去接电话。可以使用电话录音，挑选出哪些是重要的电话，计算每个电话要花多少时间。当我知道有人只需要回答“是”或“不”时，那就只需花费几秒钟的时间。当我认出电话号码是某个病人或者某个陷于绝望的亲戚打过来的时，我会等我的时间可以满足他们需要时再给他们打回去。

把你放在一个能够呼吸的环境下，不要让日常生活将你压垮。有个秘书冲到她的老板面前大喊：“你终于成功了！现在日程记录本上的工作安排足够你干一辈子的了。”

不要陷入像这个老板一样的陷阱，永远不要忘记，你所参加的很多会议其实都是没有必要的。

20. 永远不要为混蛋工作，也永远不要和混蛋一起生活

优秀的领导会以这样的方式对待下属，当工作完成时他们会说："我们大家共同完成了这项工作。"要想获得成功，你要切实保障在你事业成功的同时，所有的人都能从中获益，实现双赢。

我们不愿意被统治，也没有人愿意。我们只是愿意被领导。一个优秀领导者的任务是要建立一个相互信任的团队，为每一个人创造充分发挥自己才能的机会，使他们每天都能得到成长。通过让他们感到自己聪明，从而使他们变得聪明。自身利益是驱使大多数人努力的发动机。

亚伯拉罕·林肯（Abraham Lincoln）有信仰、有自信，

所以他不需要自我安抚或不断确认就知道自己的行动是正确的。而且他知道发出请求胜于发出命令。亨利·福特（Henry Ford）也能仅仅通过与人们交谈或讲故事就让他们听他指挥。他从来不说："我需要你们完成这件事。"他说的是："我不知道我们是否能够做成这件事？"

要牢记在心的是，有些人要比另一些人能干，但是没有任何人比我们所有的人都能干。

"到悬崖边上来，生活说。

他们回答：我们害怕。

到悬崖边上来，生活说。

他们来了。

生活推动他们向前……

于是他们展翅飞翔。"

法国诗人纪尧姆·阿波利奈尔（Guillaumen Apollinaire）这样写道。

当今的领导者一定要给雇员安全感，但同时也要营造一种敢于冒险的环境。

歌曲《忧愁河上的金桥》(*Bridge Over Troubled Water*)中唱道：

“扬帆航行吧，银色女孩，
已经到了你闪耀光芒的时刻
所有的梦想正在到来
看着它们多么灿烂，
如果你需要一个朋友，
我就在你的身后航行。”

如果要考察一个人的性格，就要给予他权力。这样很容易就能通过他如何对待那些不听他指挥的人来判断出他的性格。

最糟糕的领导者是那些“心理分析师”。他们跟合伙关系或婚姻关系中的压迫者属于一类。无论你做了什么，他们都会竭尽全力地使你感到自己毫无价值。其中一些人有精神变态的倾向，不怎么好对付。还有些人可能会表现得时而消极透顶，时而富有魅力。当你以为一切将要向好的方向转变时，他们又故态复萌。他们就像是用飞线钓鱼的人，而你就像一条被钓到的鲑鱼。正当你感觉他们开始放手时，他们恰恰又收紧了线，直到你感到疲惫不堪，失去毅力。

权力总是以集中的形式存在。在所有的机构中你都会遇见有影响力的人物，而他们不总是那些头衔显赫的人。

他们也会运用投射心理，并且让你为他们自己的行为负责，从而转移对他们的注意力。而且他们总是一概而论。如果你犯了一个小错误，他会将之放大并把它说成是你一贯的性格特征。他们也会这样说："人人都对我说你是怎样的人，我只是为了要帮助你才告诉你这些。"这就是操纵，这种做法与善意的批评恰恰相反。

在伴侣关系中，这些人通常使用软硬兼施的手段。有时有这种变态的心理，或者称为反社会型人格异常的人会有暴力倾向。当同伴感到忍无可忍时，变态者会以鲜花、礼物、花言巧语和假装浪漫的性行为给予奖励，而且表现得十分迷人。但是"迷人"是个动词。有的人总是通过"迷人"来获得什么东西。变态者甚至会用奔涌如流的鳄鱼眼泪来乞求宽恕，并承诺他绝不会再使用暴力。有时他的同伴会吃这一套，并提醒朋友们说："当他清醒的时候，他是那么好。"因而把罪过归于酒精而不是变态者本人。或许有酒精的因素，但酒精不能承担伤害别人的责任。酒精只不过是一种液体而已。

爱具有多种形式和微妙的差别，而暴力的形式仅有几种。千万不要忘记，实际上是实施了两次暴力，首先是在变态者的头脑中，之后是对他人身体的攻击。在人际关系中永远没有采用暴力行为的借口。

变态者的手中有一系列的手段，其中之一是采用"胁迫组队"的形式。这是一种通过让你相信你们两人"同在一条船上"而建立彼此信任的方式。在"不要跟随潮流"一篇中已经讨论了运用迷惑手法的问题。想要欺骗你的人会讲很多话，告诉你太多的细节。如果有人说真话，毫无疑问，他的叙述往往非常简单。即使在你听来是可信的谎话，对他们来说却不可信，所以他们要说个不停。

"扮演定性角色"是加文德·贝克尔（Gavin de Becker）在其杰出的著作《注意！有人盯着你》（*The Gift of Fear*）中描述的另一种手段。男人以多少带点批判性的标签为女人定性，希望她被逼着去证明他的意见不准确。“你这么自负的人，可能都不屑于跟我这样的男人说说话吧。”

“放高利贷”是强化控制力的另一种有效手段。骚扰者或老板想让你同意他以某种方式帮助你，使你感觉对他有所亏欠，从而觉得很难拒绝他的骚扰。

“主动承诺”也能同样有效地将牺牲品引入陷阱。利用承诺可以使我们确信一种意愿，但承诺绝非保证。保证是当发出的承诺不能兑现时所做的补偿，而承诺不会作出补偿。“如果让我进你的家里，我承诺谈一会儿话或喝杯茶后就离开。”或许他要的不仅仅是一杯茶。

许多人认为拒绝别人会让他们变得危险，但是将一个普通的正经人变成强奸犯或杀人者是不太可能的。而将一个潜在的凶手变成杀人犯则是绝对可能的，因为凶犯往往对被拒绝非常敏感。你可以从法庭上得到一个保护令，但是如果有人强烈地想要杀死你，没有任何法院的指令可以阻止他们。这时你唯一的活路就是摆脱他们，远离他们。

有时女人也像男人一样难缠，虽然她们的难缠不是像男人那样使用暴力。

中世纪时，对男性而言，面对穿着马裤的妇女时会让他们感到恐惧。有数不清的关于男女角色极端反转的绘图。在这些图片中亚里士多德像只野兽一样用四肢爬行，与他同居的赫皮里横尔则骑在他身上，像赶牲口一样呵斥他、打他，还使劲扯着这位哲学家的胡子。普通人又如何呢？如果世上最有知识的人都能被如此征服，被女人和同类所贬低，我们又怎能幸免？

在学术界、医院甚至教堂，人们在争斗和恃强欺弱时不比任何其他人要好。理查德·尼克松（Richard Nixon）惊讶地发现，从学术界到政府部门工作，然后又回到学术界的人们经常说，大学里的竞争拼斗比在政府里还要剧烈和卑鄙。他的结论是学术界更为道貌岸然，但是同样很难保持圣洁。

每个机构中都应该有明星，但不能让一颗明星的光彩遮盖了其他星星。不是一个A级团队，一个B级团队，应该都是A级团队。应该认为外科医生是世界上最好的外科大夫，扫地的清洁工也同样是世界上最好的保洁员。经理和领导有着不同的工作。经理把事情做对，领导做对的事情。他们在机构中同等重要，而且每天都应该感觉如此。

安东·罗丹（Anto Rodin）为奥诺雷·德·巴尔扎克（Honorede de Balzac）铸造了一尊绝妙的铜像——巴尔扎克随意地披着一件没型没款、只有大致模样的袍子。雕像牢牢地矗立着，就像一株老橡树，充满了智慧和知识。罗丹将其简化到只剩下赤裸本质的程度，只在面部以可辨认的细节刻画了巴尔扎克的特征。看不见巴尔扎克的双手，但双手原本是雕像的一部分。据说当学生们看到最初的雕像时，他们对罗丹所画的双手感到大为震惊，赞叹不已。事实上，这是他们所见过的最绝妙的一双手。

第二天，罗丹毫不犹豫地将雕像的双手砍断。当学生们问其原因时，他回答说他不想让手部细节在整个作品中喧宾夺主。

或许有那么一天你会成为承担别人失败责任的替罪羊。

一个项目通常会经历六个阶段：

1. 热情。

2. 失望。

3. 恐慌。

4. 寻找罪过。

5. 惩罚过失。

6. 表扬并奖励那些未参与者。

或许某一天你就成了替别人背黑锅的替罪羊。

弱者往往被送上了祭坛。一个好的领导不会对他们心慈手软。最好的领导采用的是“大卫和歌利亚”的方法。他们知道，如果要跟比他们强大的人作战就必须站出来。

比任何事情都要重要的是，成功根植于常识。

未来的企业领导应该为员工提供安全感，同时努力创造出一种勇于冒险的环境。

在许多方面，要把握这个矛盾，就需要具有这一良好的常识。

领导一定要勇于冒险，要在其他人仅仅看到问题的时候看到机会。在愚钝的人看来，聪明人就好像是疯子，正如听不到音乐的人认为跳舞的人神经不正常一样。

理查德·布兰森（Richard Branson）对他经常往返于英国和美国之间时乘坐的航空公司不满意，因此他想要成立自己的航空公司，挑战航空领域的歌利亚。当他着手这样做时，他做了问卷调查。他当时已是公认的英国摇滚乐手，跟滚石乐队和其他长发一族共同玩乐。他的问题是：“如果这个人成立航空公司的话，你会愿意和他一道飞行吗？”95% 的人回答说：“不！不会！绝不！”于是他打电话给工作人员，得意洋洋地告知他们：“有 5% 的人想要坐我们的航班，我们要订购更多的飞机。”结果他们真的这么做了，而且维珍航空（Virgin Air）至今还在运营。

或许你的老板是个混蛋，或许你的工作很无聊，对你没有意义而且没有乐趣。

为什么你不辞职？你只有一次生命，大门是敞开着的。当生命走到尽头时，你不会有第二次机会去弥补在生命旅途中失去的东西。

如果你觉得自己正在一潭死水中漂浮不定，那么就开始寻找流向大海的河流出口吧。

那里有海豚在嬉戏。

它们等待着与你相会。

21. 三百万失业大军中的一员

父亲的形象或许是与上帝最为相似的形象。对于一个公司或者社会而言，没有一个人比之更为广阔、更为强大、更不可或缺的了。至少孩子们是这样感觉的。每次在家庭度过为期三周的假日时，孩子不知道当父亲不在时公司该如何运转。在许多家庭中，母亲取代了父亲的角色，但这是另外一回事。

一天，父亲站在家门口，咬紧牙关，眼中含着泪，对家人说公司不再需要他了，不是三周，而是永远。

他和他的家人都很伤心，偶像破碎了。父亲从社会的栋梁变成了失业大军中的一个统计数字。

一位失去了工作的挪威人写道，他成长于一个富裕的家庭，家里有一架大钢琴，居住在一个没有失业人群的社区。他努力重新创业，专营创意，运用朋友、熟人和各种关系。他很乐观，但是当一切努力都失败后，他变得孤独、忧伤，而且情绪波动。他继续寻找合适的工作，不断送出成打的各种求职申请，过了一段时间后，甚至想要寻找他平常根本未曾想过的工作。

过了些日子，他意识到这样做根本无济于事。他收到的唯一回答就是被彬彬有礼地告知录用了其他人选。许多求职信根本就没有回音。当信箱里只有账单和被退回的求职信时，别提让人多么丧气了。你从 A4 型信封就能立刻辨认出它们。当某个人收到的只是账单和退回的求职信，他不得不接受永远失去了工作的现实，成为对社会无用的人时，他该如何面对？

汉斯·法拉达（Hans Fallada）在 1932 年写的小说《小人物，该如何？》（*Was Nun Kleiner Mann？*）中描写了这种处境。这是下岗出纳员约翰·皮尼伯格的故事。他和妻子最后终于意识到美好的老派爱情才是最重要的。

过了些日子，因为没有工作，之前很骄傲的挪威人不得不来到公共就业中心。

“你知道中国的长城在哪里吗？”他问，“它就是围绕着就业中心的墙。”

当失业的人遇到别人时，他的伤口暴露无遗。大多数人甚至根本没有兴趣听他说话。他从社会上滑溜的斜坡上滑下来，从一个备受尊重的公民变成了一个忧心忡忡、没有尊严的社会闲散分子，不得不依赖当地失业办公室的援助。

他加入了瓦尔特·格林伍德（Walter Greenwood）在话剧《爱在多尔》（*Love on the Dole*）中描写的英国20世纪30年代大萧条时的三百万失业大军，排在找工作人群的队伍中。

“无事可做来打发时间，没有钱付账，第二天还是无事可做，没有衣服打扮，也不能结婚。一具行尸走肉；三百万失业大军中的一个数字。”

失业和孤独一道，成了当今最重要的健康问题之一。被解雇导致了抑郁和无价值感，增加了因试图自杀、发生事故和暴力而导致的死亡危险，同样还有心脏病的危险。

对大多数人来说，失去自尊或许跟失去工作同样痛苦。他们感觉成了某种可以被社会抛弃的人类垃圾，就像装满了烟头的星巴克纸杯。每个人对这种失败应付得怎么样，很大程度上取决于周遭的反应。

在所有的扶轮社和狮子会等，充满了相当成功的专业人士。过去的一年里，在欧洲和美国，它们不得不在其成员中加入一个新的职业：失业。早些时候，人们觉得失业的人们都是工厂工人或旅馆服务员，没有来自他们自己阶层的人。头顶着“失业三年”的标签进入这样的社会阶层不是件容易的事，但是至少他俱乐部成员有了机会去显示在他们的钱包和俱乐部徽章后面有一颗跳动的心。

失掉工作的人应该与朋友们联系，但不要相信他们能够解决所有的问题。他们也有自己的问题，而且他们亦非完人。一个希望与完人做朋友的人注定得不到朋友。

社会不再需要我们这些工人了，这一事实使我们产生我们作为人也没有用处的想法。除了成为社会预算令人厌烦的支出之外，我们一无是处。

为了使失业者保有自尊，一些医生对他们给出了物理诊断。他们从失业者变成了病人。“不是我的失败，是我的背部出了问题。”“我并没有被抛弃，是我的膝盖受到了磨损。”

失掉工作和失去心爱的人很相似。生活从根部腐烂了，在危机中帮助他人的专家对此也无济于事。一位挪威的心理学专家描绘了她面对失去工作时的煎熬：“一股不可掌控的力量关闭了生活中通往当下的大门，我不能通过这扇门回到昨天，也不能到达明天。这个空间被关闭了。我就像一只扑动翅膀的鸟儿，在墙上和天花板上乱撞，几乎筋疲力尽、充满焦虑，越来越找不到出路。”在危机的第一个阶段，她的知识和技能都毫无用处，工作场所也没有提供支持。后来她联系了朋友，甚至采用了治疗方法。为了获得生活中的立脚点，她从大自然、音乐、书籍、绘画和与朋友舒适的聚餐中寻找滋养。

朋友就是说这些话的人们：

当生活变得寒冷

我将你紧紧地搂在怀中，

当你感到你所有的梦想

都成了不愿提起的往事，

当命运追逐着你

欢笑离你远去
我会紧紧地将你搂入怀中抚慰你
用满腔的爱。

将你紧紧地搂入怀中，
让我在你的面前融化，
因为在这个宽广的世界上
没有人像我一样爱你。

有太多的人随着日常生活随波逐流而不去建立安全网，以防万一有一天我们会失去工作。有时工作结束是因为公司减员，或者我们已经到了法定的退休年龄。假如平日里做的事只是例行公事，看看电视和报纸，一只耳朵出、一只耳朵进地听音乐，度过了这样的生活之后，很难再使我们振作起来去经历新事物，即使我们有时间也有可能如此。

一场危机既代表了一个危险，也代表了一次机会，但是大多数人都需要他人的帮助来找到生活中新的基础。帮助那些在鸟笼中鼓动翅膀，不断碰壁和撞到笼顶的鸟儿找到出路。

治疗因裁员、残酷的解雇和退休而失业导致的空虚的良药就是背起装有创造性的兴趣和爱好的背包，走出工作场所的大门。不要仅仅消磨时间，要能够运用时间。不要忘记，莱昂纳多·达·芬奇不止画了蒙娜丽莎，他还发明了剪刀。这至少使我有些生气，因为不然的话就是由我来发明了。剪刀不过就是把两个刀片用螺丝拧在一起嘛！这就是我们通常看似简单却又真正富有建设性的看待事物的方式。我们也可以这样做，但是我们并没有这样做。

不要忘记，我们也要关心那些比我们弱小的人们，那些在智商和志向上不占优势的人们。

有一本精彩的书，名为《一个是亚当，一个是超人：创造性成长的艺术家》（*One is Adam，One is Superman: the Artists of Creative Growth*）。这是一个关于曾经被推到边缘，又来到创造中心从事艺术的人们的故事。

这些人中，一个名叫塞德里克·约翰逊（Cedric Johonson）的人写道："我之所以来到了中心，是因为我从未想过放弃。我有两个哥哥极力打击我，但我从未放弃。我也不知为什么，我从来不知道。他们还住在奥克兰。他们对待我就像对待尘土。我不想他们，我唯一想念的是雪纳瑞。我和它交谈。我还记得，它是一条很小的小狗。当我回到家时，它会欢叫出“祝贺’的话。它就是一个人。它喜欢我，它朝我欢叫，对我说话。他们把狗带走了。”

他们没有权力把这只雪纳瑞带走，我们没有权力夺走任何人的尊严。

现在你既然有了自由时间，你就应该聪明地利用它。浪费了的时间不会再来。为什么不去发明一些达·芬奇或者中国人尚未发明的东西？为何不去尝试最疯狂的创意？即使它们被证实为无用之物，至少你可以享受做新事物的乐趣。松开肩膀上的螺丝，你就不必保持笔直和僵硬的姿势。

投入生活之河中去吧，那里还有的是时间。

22. 从大海传来的呼救声

危机总是不可预知的。当危机突然爆发时，看上去根本就没有任何先兆。但是如果仔细研究一下的话，我们总是能够找出燃起大火的木头来自何方。

造成危机的原因或许是因为长时间高强度的工作，糟糕的人际关系；或许是遭受攻击，朋友或同事的背叛；或许是不良的生活习惯，缺乏支持和关爱；或许仅仅是因为我们感到无所寄托，找不到生活的意义。

“枯竭”一词出自格雷厄姆·格林（Graham Greene）1961年出版的小说《一个枯竭的案子》（*A Burnt-Out Case*）。在这部小说里，世界上著名的建筑家盖里突然患了冷漠症，在艺术中再也找不到任何意义，也无法感受到生活中的任何乐趣。他隐姓埋名，来到刚果的某个麻风病村。在为麻风病病人服务的过程中他忘记了自我。这一经历被证明是自我医治的行为。

枯竭症刚开始发作时，病人会感到心情压抑、疲倦、失眠、悲观、易怒、猜疑并且紧张。或许还伴有高血压、情绪不稳、肠道激惹综合征、体重下降或增加，或许开始酗酒、服用过多的安定和安眠药。只有处于危机中的人才知道自己的内心感受是多么糟糕，而只有与他们亲近的人才知道这场危机是如何影响了每一个爱他们的人。

护理工作者与他人的关系很近。实际上，有时因关系太近而会使人感到不适，更容易换上枯竭症，特别是当他们觉得自己不能治愈，或者不能为客户提供应该提供的支持时。经济的螺丝拧得越紧，他们就会越发感到难以胜任。如果你缺少做一件体面工作的技能，或担当了太多责任而又不能做到使自己满意的程度时，你也容易患上枯竭症。

单身和没有孩子的人尤其脆弱。

自信过度或不足都不是好事。两者都可能导致枯竭症。缺乏信心的人往往被动、焦虑而且易于妥协，很难在自己与他人之间建立防线。他们非常谨慎、保守且追求完美。

而自信心爆棚的人同样不能很好地审视自己的局限性。他们好大喜功、独断专行、心胸狭窄且缺乏耐心，一旦受到挫折就很容易脾气暴躁。

一旦患上枯竭症，通常会缺乏做好一件工作的动力，进而丧失职业道德，回到家中后变得易怒而缺乏耐心，容易与伴侣或孩子发生摩擦。有些人的症状严重到把自己窝在沙发里，甚至都提不起兴趣按遥控器转换电视频道。

如果你感到自己可能正面临枯竭症，那就去找一下老板，询问在公司里是否还有其他机会可以更好地发挥你的才能，而且也可以使你感到更快乐。也许可以适当地调换一下工作，这样就不用每日都做同样的工作。这可能会变成一种双赢状态。一个快乐的员工才会是一个好员工。

有时暂时离开一下工作也是不错的，从远距离观察一下自己的问题，甚至从远距离看待自己所处的社会和它的价值观。亨利克·易卜生（Henrik Ibsen）在旅居国外时创作了最好的刻画挪威社会的剧作。厄尼斯特·海明威说，如果要对他最好的作品作出评判，我们就要寻找一些在他的写作地点之外发生的事情。

有些人抱怨美国总统在世界乱作一团时去打高尔夫球或者到牧场去。或许这些地方是他们作出正确判断的最佳场所，而不是顾问、媒体或者其他任何人可以扰乱他们的平静的地方。

确保你不会把人际问题掩盖起来，努力与保有正面思维的同事共度午餐。不要让负面思维毒害你的生活。

尽量参与继续教育。知识永远是一份容易携带而且很有分量的财富。

对于工作沉闷而且无法得到更有趣的工作的人，尽量不要把工作带回家。要利用闲暇时光参加一些能够为自己带来乐趣的活动。

一位著名的挪威商业领袖在接受一家商业杂志采访时说，他的员工缺少奉献精神。在公司里，他要求员工将所有精力投入到工作中，而且每周 7 天，每天 24 小时招之即来。在这种要求过高的工作里，没有给爱好和活动留出时间。他不知道有谁可以把这两者安排好。

不久，他的公司经营情况每况愈下，他也被解雇了。

如果让忧愁、懒惰和欺骗走进你，那么它们会最终取代你的生活，而且也将越来越难以找到容纳欢乐、幸福和祝福的空间。

患有枯竭症的人的工作状况都很糟糕，而且就像他们所感觉的一样，变得对公司几乎没有价值。他们漠然地对待自己的工作，敷衍了事。因为在他们的眼中自己的工作既没有意义，也无足轻重。然而，从公司榨取好处显得更为重要。

当生活和工作情况一塌糊涂时，一切都会变得一团糟。这种情形可能是突然发生的，也可能是经过一段时间的发酵而发生的。

许多人没有意识到自己正处于危机中。他们只是感觉到无助和困惑，甚至丧失了工作能力。或许他们没有看到自身的问题与所处的状况之间的关联。努力振作起来也是无济于事，而且如果他们极力想要将问题掩盖起来，也会使他人无法帮助他们。

在危机中，患了枯竭症的人被困于绝望、沮丧、睡眠障碍、注意力涣散、高度敏感、斤斤计较、恐惧和焦虑之中。他们的肌肉酸痛、颤抖，平衡上有障碍，而且浑身感到疲倦和麻木。最终他们甚至无法去做日常的家务事。

与枯竭症类似的症状甚至会出现在青少年身上。日常行为的明显改变提示可能发生了严重问题。许多年轻人在没有得到他人救援之前就自杀了。

当身处危机中时，你解决问题的能力和自控能力崩溃了，会感到慌乱和恐惧，同时会失去自尊和自重。周围人所说的聪明的、老生常谈式的忠告几乎不起作用，什么“你要振作起来”之类的话，因为在危机状态下，“振作起来”的机制已经被毁坏了。

一段时间后，一些患了枯竭症的人可能会在抑郁和绝望的迷雾中发现某些具体问题。当问题变得具体化时，就会更容易去应对。如果你设法解决，或者绕过了这些问题，日常生活就会变得正常起来。当你在隧道的尽头看到一线光明的时候，制订计划会变得更加容易，你也更容易重新回到通向美好未来的道路。

在汉语中，“危机”一词包含两个象形字，一个是危（险），另一个是机（会）。危机代表着解决问题的可能性，或许是找到一些有用的资源重新建立一种新生活。

在危机中最重要的就是要加强与家人和朋友的关系，但同时也要守住自己的边界。

纳撒尼尔·霍桑（Nathaniel Hawthorne）就是在危机中如何发掘机会的好例子。当霍桑被海关解雇时，他陷入了深深的沮丧。听他发了一顿大大的牢骚后，妻子找出一支笔和墨水，又在壁炉里添了几块木柴，为他沏上一杯好茶，并搂住了他的肩膀说："你终于有了自己需要的时间，可以写计划要写的小说了！"

这部名为《红字》(*The Scarlet Letter*）的小说进入了世界文学的殿堂。

并非每一个失业者或者陷入危机的人都能成为影响了几代读者的小说作家，但是每个人都可以利用危机来改变自己的生活状况，无论是职业生涯还是个人生活。这是他们可能从未意识到的可能性，因为他们把时间都花费在日常单调的工作上了。有时把问题写在一张纸上会有所帮助，不仅是为了把它们"驱除出系统"，而且是为了用一种比仅仅让它们只是在头脑中翻腾更为具体的方式去分析它们。

严重的危机标志着存在巨大的危险。如果没有他人的帮助和支持，后果可能是全面的心理崩溃，永远失去生活的动力，甚至导致自杀。

弗兰克尔博士向那些向他咨询抑郁症的人们问道："为什么你没有自杀？"这个问题听上去很无情，而且带着嘲弄，但是他们的回答往往能够暴露出可以建立起来的价值观。

聪明的人接受痛苦，但是绝不滋养它。他不允许痛苦在他的住所停留。如果你继续给痛苦、孤独或者愤怒以养分，最终你会为它们腾出一个空间。它们将在你的内心占有一席之地。

拳击手和哲学家——"冒烟的乔·弗雷泽"(Smokin Joe' Franzier)说过："在生活的某个阶段，我们都像是处在困境的盲人，等待着能有人帮助，带领着我们穿过十字路口。"

或许你正是那个能够帮助别人渡过难关的人？

如果身处危机，你就要低下高傲的头并寻求帮助。如果不说出来，没有人会知道你需要帮助。而且，如果不肯接受帮助，也就没有人能够帮助你。

身边的人可能会听到我们救命的呼喊，然而我们的骄傲却阻止他们提供帮助。诗人霍尔迪斯·莫伦维·萨丝（Halldis Moren Vesaas）在诗歌《梦》(*Dream*）中描绘了这种情景：

> 她听到海上传来救命的呼喊，
> 并辨认出了这个声音。
> 她赶紧跑向水边要将船儿解缆。
> 她奋力将船儿推离陆地，
> 抓起双桨努力地划，
> 但是船在原地打着转儿。
> 船桨拍打着海面，
> 既不下沉也不能定住，
> 因为海水就像铅一样沉重。
> 她听着呼喊，
> 一遍又一遍，
> 但是船桨一次又一次地击打却破碎不了水面，
> 她觉得呼喊救命的人正是那个将船拖着不动的人。

难道不是这样吗？往往正是那些需要帮助的人因为过于

骄傲而不去寻求帮助。

最好的救助者是以一种更为广阔的视角看待你的处境的人，一个善于倾听而又不会陷入你的问题的人。最好他自己也是在生活中经历过严重问题的人。

同事、朋友、家庭和好邻居也可以提供帮助，但是这时他们必须收藏起那种无所不知的态度、道德说教以及夸张、渲染的关心和担忧。

危机过后，一定要即刻倾听受伤的人的全部痛苦和绝望，然后，重要的是要着手进行踏踏实实的工作，使受了伤的人重回轨道，回到原先的轨道上来。或者，经此一役后，他甚至可以步入一个崭新的、更好的轨道。

23. 他要独自面对

“鲁萨诺夫的家庭和谐而堪称楷模。然而，仅仅在几天的工夫里，他们良好的生活方式和整洁完美的寓所就和他完全隔绝了。现在，处于另一边的是他的肿瘤。无论父亲怎么样了，他们都会继续生活下去。无论他们多么担心、焦虑或哭泣，肿瘤就像在他身后生长的一堵墙，而在他那一边，他要独自面对。”亚历山大·索尔仁尼琴在著名的小说《癌症病房》里写道。

索尔仁尼琴在 1970 年时被授予诺贝尔文学奖，在 1974 年被苏联驱逐出境。挪威政府在利勒哈默尔附近已故西格里德·温塞特的故居为他提供了住所。当他去挪威看房子的时候，他住在我的朋友——画家雅各布·魏德曼的小农场瑞斯文里。顺便说一句，雅各布的妻子安妮·玛丽（Anne Marie）是西格里德·温塞特的教女。她在克努特·汉姆生获得诺贝尔文学奖八年之后，于1928年获得了同样的奖项。在安妮·玛丽成长期间，克努特·汉姆生也是安妮·玛丽家的常客。

大多数人在被诊断为患有危及生命的疾病时都经过了不同的阶段，首先是一段时间的否认：诊断肯定是搞错了，抽样一定是被搞混了。这个诊断一定是其他人的。然后，他们变得气愤，为什么是我？或许他们甚至要开始向命运争辩：如果这样或那样的事发生，我会通过做这样或那样的事为我所有的过错买单。特别是当内心的声音告诉他，得这种病是因为惩罚他们做过某事时。

听听在《癌症病房》里叶夫列姆是怎样说的吧：

"正是叶夫列姆的舌头遭到了打击——他那伶牙俐齿、振振有词的舌头在他的生活中起到了极大的作用。

在五十年的时间里，他的舌头得到了很好的锤炼。舌头为他带来了从未能挣到的工资，他盲目地起誓，做了他根本没有做的事，为他也不相信的事作保，对着老板咆哮并对工人大声侮辱。他在最珍贵和神圣的事物上抹上污秽，像一只夜莺一样陶醉在自己的颤音中。他讲述肥屁股的故事，但从不涉及政治。他唱伏尔加歌曲，对四周成百上千的妇女说谎，什么他未婚，没有孩子，他会在一周内回来，然后他们就一块建房子。‘上帝让你的舌头烂掉！’他的前岳母咒骂他，但是除非他喝醉了，叶夫列姆的舌头从未让他失望过。

突然，他的舌头肿了起来，紧紧地贴着牙齿。他充满了口水，柔软的咽腔几乎容不下它。”

佛祖说，当我们知道自己的日子所剩无几时，身体本身就不再是问题了。肉身不过就是不断地生病、衰老和死去的骨头、组织和体液的皮囊。问题在于对肉体的迷恋以及发自它自身的肉体欲望。

毫不奇怪，在医学让病人听天由命的时候，众多病人和家属都在寻找希望的稻草。

三十年前，挪威的普通民众非常相信，只要喝了一种用桦树片熬制成的饮料就可治愈癌症。这种说法流传甚广，以至于挪威几乎所有农场院子里的树都被砍光了。

在小说《癌症病房》里，科斯托格洛托夫把希望寄托在一种他从一个住在深山的老人那儿得到的植物根的提取物上。

“他们全都渴望找到某个神奇的大夫或者这里的医生并不知晓的药物。无论他们在多大程度上承认或者否认，毫无例外，他们在内心深处相信会有一位大夫或者草药专家，或者某个地方像老女巫一样的人，你只要找到他们并从他们那里得到药物就能得救。

不，这不可能，不可能的原因是因为他们的生命已经在劫难逃。

不管在我们强壮、健康和兴旺发达时，我们是怎样嘲笑这些奇迹，然而，一旦生活遇到了阻碍和挟制，以至于一个奇迹就可以将我们拯救，那时我们就会紧紧地抓住这个独一无二的奇迹，而且相信它！”

然而，问题在于实际情况令人悲哀。也就是说，这么多患了绝症的人没有多少时间了。其中许多人由于来自家庭的压力，不得不到遥远的地方进行绝望的旅行，去寻找伏都教医生或者有着巫术药酒的老妇人，或者从网上寻找被大夫忽略了的治疗方法。他们的时间所剩无几，但是他们还是在失去时间。

当我面对患了不治之症的人们所展现出来的勇气时，我会一次次地感到震撼、印象深刻。在来自外部的入侵者，或者内部的敌人对致命的器官进行攻击的时候，甚至那些多年来被不治之症导致的莫名恐惧所折磨的人，面对具体的敌人，在诊断已出、未来已定的时候都可以聚积起力量。和已知的敌人战斗往往比和难以捕捉、自由流动的恐惧斗争更容易些。人们面对异常艰难的挑战时所展示出来的力量简直就是奇迹。也有一些人崩溃了，这是完全可以理解的。当命运强大、恶劣而且绝情时，我们会变得渺小、软弱，这并不是耻辱。

许多病人在观察或者了解了那些遭受着比自己更严重的苦难的人的时候找到了力量，或者是因为他们并没有患上让他们最恐惧的病，即使他们自己的病可能比那些病更为严重。

罗曼·加里（Romain Gary）是一位图卢兹的医学生。在小说《我们面对的生活》(*The Life Before Us*）中，他以阿米尔·阿加的笔名，讲述了一个14岁的名叫穆罕默德的阿拉伯男孩的养母的故事，他的养母罗莎女士过去是个妓女：

“她知道自己在快速地衰竭，但是她仍然是个很好的厨师。这个世上她最不愿意碰到的事儿就是身患癌症，而她是幸运的，因为她就差没得癌症了。身体的其他部分都已经极度受损，甚至头发都不再掉了，因为使她脱发的机制也衰竭了。”

由莱塞·霍尔斯道姆（Lasse Hallstrom）执导的瑞典电影《狗脸的岁月》（*My Life as a Dog*）描绘的就是这样的事实：总是有人生活得不如我们。在这部电影中，从头至尾，陷入困境的12岁的英格玛反复告诉自己：情况有可能会更糟。举几个例子：有个人抄近路要穿过田径场，经过跑道时，被一只标枪扎死了。最糟的是被苏联人送到月球轨道的第一个生物——名叫莱卡的狗的故事（没有任何方法可以使她重返地球）。

当生活不够公平并且难以忍受的时候，想一想莱卡感觉会好一些。

弗兰克大夫讲述了来自一个时日不多、相对年轻的病人的一封信的故事。这位年轻人在信中写道，他记得看过的一场电影。电影讲的是某个人面对死亡时不屈不挠，充满尊严和勇气。看电影时，他认为能够以这种方式面对死亡一定是来自天堂的礼物，而现在命运给了他这个机会。

虽然面对致命癌症的诊断是十分艰难的，但是有些病人还是会高兴这样的事发生在他们身上，而没有发生在孩子身上。如果孩子身患癌症，许多父母希望能够是他们去面对这样的煎熬，而不是他们所爱的人。如同我睡意蒙眬地靠在儿子的床腿时感觉到的一样，他已经去了一个我不可企及的未知的国度。在那个世界里，他或许以为医生测试瞳孔的灯光是来自宇宙的一颗星星。

当被疾病击倒时，被压抑的渴望经常会浮现，正如《癌症病房》中的病人迪奥玛所经历的一样。

耗竭和忧郁压抑着他，越来越沉重。他是否需要跟什么人谈谈，或者找什么人抱怨一下？或者就找什么人推心置腹，而那个人可能会对他表示出些许的同情？

当然，他读过并听说过同情是一种屈辱性情感：无论你是给予同情还是被同情。

即便如此，他需要获得别人的同情。

因为，在迪奥玛的一生中没有任何人同情过他。

药物无效，只有关切的人才能抚平迪奥玛心中浮现的渴望。

在《我们面对的生活》中，阿拉伯小男孩穆罕默德喜欢坐在卡兹医生的候诊室里等他，因为候诊室就是用来等候的。“门被打开后，卡兹医生走了进来。他身穿白大褂，过来拍拍我的头，我就会感到好多了。这就是医生的作用。”

如果你在和疾病作战，你应该知道现在感到的痛苦会在时间的推移中带给你力量，然后你又能微笑了，甚至能感到你在微笑，而你的笑声是真心的。然而，在痛苦和悲伤消失之前，你不必感到你必须强大，哭泣没有错。

在生活中的某些路段我们必须独行，即使周围都是爱我们的人，没有任何人能够感受自己所感受到的。但是不要忘记，在你所爱的人们心中，他们会随你前行。

很快你就会找到新的力量和新的安宁。

但是这可能需要花些时间。

24. 使用手术刀的大夫、使用草药的大夫和使用语言的大夫

古希腊人将医疗职业分为三种类型："使用手术刀的大夫、使用草药的大夫和使用语言的大夫。"

现在我们甚至有了使用仪器的大夫，很精密的仪器。越来越多的人成为使用仪器类型的大夫。当我们能够越来越熟练地使用手术刀、草药和仪器的时候，我们似乎变得越来越不善于运用语言或者静默。

交流往往会转变成所谓的对话，我们并不去倾听，而是用雪崩般的诊断、治疗方案和我们自己的意见将病人掩埋。

作为大夫，我们经常将此归于没有足够的时间，而且经常有着很好的理由。但是我们永远不要忘记，坐在病人床边

几分钟，用手握住病人的手，仅仅需要十分钟，这跟把手放在门口的把手上的时间一样长。缺乏交流并不总是时间问题，而是我们如何使用特定的时间。这反映出了我们对待病人的态度。

和某人握手时，我们至少可以多握一会儿他的手。

一位挪威的医学生在见过一位伤心流泪的年轻乳腺癌病人后写道："我意识到，在三年冠冕堂皇和自命不凡的讨论之后，我并没有搞明白一些最基本的事。至关重要的是，病人不是120磅的症状和疾病的代名词，他们是和我自己一样对生命怀有希望和愿望的人。当我自己敢于接受现实的时候，他们和我一样恐惧死亡和另一个未知的世界。"

在离世前，我们的癌症病人艾伦·弗朗基（Ellen Francke）在诗集《玻璃》（*Glass*）中写下了这些诗句：

我变得如此孤独。
我过去从不知道会变得那样孤独。
我不睡觉。黑夜就是白天，白天成为黑夜。
在昼夜之间有着黎明的破晓和它知道的一切。

我变得如此孤独。

没有任何人应该变得那样孤独。

在我身下之处塌方了。

而我深陷其中。

我无法从此处脱身。

对于这样的病人，需要的不是精密的仪器和一卡车的图表和结果，而是一卡车的人类同情。

在《我们面对的生活》中，曾当过妓女的罗莎对穆罕默德说：

“他们想要强迫我活着，穆穆。这就是他们在医院里常做的事。他们有法律告诉他们这样做。我可不愿没有必要地多活一天，而且已经没有必要了。即使是犹太人也有个限度。他们不让我去死就是在折磨我。他们有个叫作医疗协会的组织来做这件事，他们让你经历地狱，苦到极致后也不允许你死，因为那样就会使你成为特权阶层，就不民主了。”

罗莎女士告诉穆穆她知道自己正在变得糊涂，但她不想仅仅因为医学科学的缘故而活着。

她已经让嫖客利用了自己的肉体长达35年之久，现在她可不想让大夫再利用自己的身体了。她让穆穆承诺让她的朋友给她注射合适的药物，然后将她的遗体留在乡间的一片灌木林中或任何地方。

我们一定要确保不将医疗的基本价值搁置一旁，而去发展一种“高科技 - 不接触”类型的医学。

我们的病人——已故的奥斯陆国家大剧院首席女歌手温泽·芙丝（Wenche Foss）在《生命的馈赠》（*The Gift of Life*）一书中刻画了她和麻醉学系主任拉纳尔安·德森（Ragnar Endresen）的一次会面：

“在手术前等待的几小时里，他来到我的房间，坐在床边，不管你信不信，他为我歌唱，直到我入睡。”

一位死于骨肿瘤的年轻病人的母亲给我们的一个医生打出了这样的分数：“医疗方面得六分，心理学方面得零分。”

当内科医生不是一件容易的工作。对于那些认真对待它的人而言，这是个耗费精力的职业，而大多数大夫正是如此。没有人会相信内科医生能够把自己的怀疑和错误扫到地毯下面并且将它们忘掉。无论他对病人的态度多么傲慢，它们都会纠缠他一辈子。傲慢往往是保护脆弱灵魂的盔甲。在美国，死于自杀的医生比死于汽车交通事故、空难、溺死和被杀害人数的总和还要多。我们也可以在其他国家看到这种现象。医疗界自杀的频率高得令人惊异。

在其他有压力的职业中自杀的频率也非常高。越南战争十年以后，自杀的老兵比在战场上失去生命的人还要多。

医疗界的问题在于对于错误没有可以容忍的余地。错误的后果可以压倒一切，以至于不可能以一种健康的方式去应对它。美国医生大卫·希尔菲克（David Hilfiker）曾写道："我们被指责带有基督情结而活着。我们为自己辩护。当出了错误的时候，我们指责病人或者前一个医生。当事情没有按照预定计划发展时，我们对着护士大喊大叫。我们冒着酗酒、吸毒以及自杀的风险，这难道不奇怪吗？"

我很想和所有那些爱搞调查的记者们分享一下我的不眠之夜。当我醒来后，一遍又一遍地苦思着某个发烧孩子的症状和体征。这真的是单纯的病毒感染，还是脑膜炎的早期阶段？

我也愿意和他们分享那些辗转反侧的夜晚，思考着另外一个小孩患的病是否真的是婴幼儿肠痉挛还是阑尾炎早期。或者，当我是唯一当班的病理医师，必须作出棘手的骨肿瘤诊断时，而这个诊断会导致一个12岁的小男孩被锯掉他的腿。

通常医生没有一个危机团队在其身后作为支撑，他们的失败最终会在灵魂上留下伤口或瘢痕，但这不应该成为他们傲慢和冷漠的借口。

一项被2013年《美国医师学会杂志》(*Journal of the American Medical Association*)引用的研究显示，一半以上的美国医生显示出耗竭的症状。

对许多病人来说，生存的艺术指的是为自己找到一个好医生的艺术。当我说"好"的时候并不仅仅指他的医术高明，同时也是指他对人格的良好评判。一个表现出关爱病人的医生会给人这样的印象：即使在压力很大的情况下他也有充裕的时间。这会建立起信任感，而信任感不是在药房可以买到的东西，也不是从精密仪器滑出来的纸张上写着的东西。一位挪威的前首相说："有关信任感的一件怪事就是，要么你有，要么你没有。"信任不是健康领域的官僚或政客可以通过法律和预算调节的东西，也不是当他们要求“把每个美元用在促进健康上”，也不是医生可以向病人要求的东西。我们永远不要忘记，一个与处于危机的病人交谈 15 分钟的肿瘤科医生不一定比一个花上 1 小时的医生更有效率。

病人是有胳膊、有腿、有思想和情感的人，而不是在前额上写着他们的诊断或堆放在官僚机构书架上的病例。他们绝非仅仅是写在电子表格上的一个显示花费了多少美元或克朗的数字。

读懂了此篇内涵的病人将会拒绝被仅当作病例对待，随着生活之河而漂流。

25. 谁愿意永远活下去?

如果你不知道自己有多大岁数，那么希望自己有多大岁数呢?

我的一些朋友才 40 岁，会说自己已经 60 岁了，而另外一些朋友已经 90 岁了，也会认为自己只有 60 岁。如果我们不被疾病击倒，只要我们通过运用头脑和机体使之保持健康，年龄就会成为一种心理现象。永远不要忘记，大脑也是一种肌肉，如果它不再为对抗阻力而工作，那么大脑也会像肌肉一样萎缩。

布莱恩·梅（Brain May）在为皇后摇滚乐队写作的歌中问道：谁愿意永远活下去（*Who Wants to Live Forever*）?

"我们没有时间。

我们没有住所。

是什么使我们有了梦想

然后又离我们而去？

谁愿意永远活下去？

谁愿意永远活下去……？"

富有爱心的父母养育孩子，保护他们，带他们来到生活的河流，并且确保他们将适应生活，扬起自己的风帆。到后来，就该孩子们来照顾他们的父母了。而今，我们将父母安置在养老院，认为他们的生活经历不足以教育我们。我们剥夺了我们认为不如我们的人的尊严。我们没有回报他们在我们身上的投资，反而经常要求他们在我们早已成人之后继续为我们付出。有时我们依赖于他们努力一生工作而积攒起来的积蓄。有些人甚至要确保父母不会乱花钱，花那些他们认为已经属于自己的钱。

无论年龄有多大，生活的全部目的在于紧紧地抓住梦想，不要让它们离你而去。总是有属于你自己的一段时间，也总是有属于你自己的地方，但是你一定要不断地找寻它，它不会从天而降。

太多的人在离开职场后不久就开始萎靡度日。

有些人因为政府或公司以某种理由制定的强制性退休年龄而退休。

有些人退休得早，是因为他们一生都在努力工作，盼望能够放松一下。而往往退休后的愉悦变成了一种空虚。

挪威电视台的新闻主播希瑞·莉莉·曼宁（Siri Lill Manning）写了一篇名为《灰色地带的金子》（*Gold in the Grey Zone*）的专题文章。她提到了很多伟大的人。这些人在早该葬身黄土的年纪却仍然保持活力，而且改变了世界。

在7年里，71岁的马丁·斯科塞斯（Martin Scorsese）制作了三部电影，其中一部赢得了美国大奖，三部纪录片［关于鲍勃·迪伦（Bob Dylan）、滚石乐队和乔治·哈里森（George Harrison）］和赢得了11项奥斯卡提名的3D家庭影片《雨果》（*Hugo*），甚至还有电视剧，如《大西洋帝国》（*Boarwalk Empire*）。他将要拍摄的电影的单子同样是令人震撼的。

纳尔逊·曼德拉（Nelson Mandela）在75岁时当选为南非总统，教皇方济各（Pope Francis）以76岁高龄在2013年当选为天主教新教皇。这对开始一个新的、富有挑战性的工作来说年龄都相当大。

诺贝尔医学和生理学奖得主哈罗德·瓦慕斯（Harold Varmus）在72岁时成为美国国立癌症研究院（National Cancer Institute，NCI）的院长。挪威酒店和超市之王——亿万富翁奥拉夫·索恩（Olav Thon）在90岁高龄时依然全天工作，管理着他所有的公司。在法国小镇穆然，巴勃罗·毕加索（Pablo Picasso）在与妻子杰奎琳为朋友举行的一次宴会上去世。他在92岁离世之前一直在创造伟大的艺术。他最后说的话是："为我干杯，为我的健康干杯，你们知道我再也不能喝酒了。"保罗·麦卡特尼（Paul McCartney）将这句话用在他创作的歌曲"毕加索最后的话"（*Picasso's Last Words*）中。

克里夫·戴维斯（Clive Davis）是传奇般的唱片出版商和音乐产业的执行总裁，以"金耳朵"著称。他今年已经81岁了，但是并没有任何衰老的迹象。他发现并签署了一些音乐界最著名的人物，比如珍妮丝·贾普林（Janis Joplin）、布鲁斯·普林斯汀（Bruce Spingsteen）、空中铁匠乐队（Aerosmith）、巴瑞·曼尼洛（Barry Manilow）、艾丽西亚·凯斯（Alicia Keys）和惠特妮·休斯顿（Whitney Houston）。令人惊异的是，他的金耳朵敏锐到足以指导吹牛老爹一样的说唱歌手。

我们生活得越长，我们的经历就越丰富，而我们剩余的时间就越少。这使我想起那些芭蕾舞演员，年龄越大，她们就越能理解舞蹈，她们的身体在跟上大脑时出现的问题就越大。有些人说你要朝着舞者开枪才能让她们从舞台上下来。有些人不能像伟大的鲁道夫·努里耶夫（Rudolf Nureyev）那样，接受一切事物都有时间限定的概念。

许多人关心他们死后的名誉，他们的永恒。他们和米兰·昆德拉一样，知道人们可以结束自己的生命，但是没有人可以结束他们的永恒。昆德拉说过，在面对永恒时，人们是不一样的。我们一定要区分“较小的永恒”，指的是一个人留在知道他的人心中的记忆（即摩拉维亚村的镇长梦寐以求的那种永恒）和“伟大的永恒”，指的是一个人留在并不认识他的人心中的记忆。

大多数人关心较小的永恒，但许多艺术家追求伟大的永恒。担忧个人形象而不是担忧一个人是否度过了正确和真实的一生，是人固有的不成熟的许多迹象之一。

在昆德拉的《永恒》一书中，我们在“骄傲的河流”一篇中遇到过贝蒂娜，她渴望着那种伟大的永恒。她说：“我不能在这一天和琐事中死去，我希望能够超越我自己而成为历史的一部分，因为历史是永恒的记忆。”本书中的另一位人物劳拉，尽管她仅仅渴望较小的永恒，也希望得到同样的东西：超越自我和不快乐的时刻，要做出“某种事情”，至少使认识她的人能够记住她。

死亡和永恒是难以割舍的一对情人。

奥斯卡·王尔德（Oscar Wilde）在1900年46岁时死于巴黎，死时身无分文，被埋葬在巴黎的拉雪兹公墓。年轻的雕塑家雅各·埃伯斯坦（Jacob Epstein）为其建造了一尊墓碑。墓碑终于在1914年揭幕。这是一个裸身飞翔的天使，设计灵感源于不列颠博物馆中亚述人的形象。雕塑一直完好无损，直到20世纪60年代早期受到毁坏，雕像的生殖器被敲掉并被盗走。其中的说法之一是两位英国女士在某个同性恋身上见到如此夸张的生殖器感到十分厌恶，于是她们把它砍掉了。

“一个吻能够毁掉一个人的一生，”王尔德曾经这样写道。亲吻也能毁坏掉一座坟墓的石墙，特别的涂鸦可以作证——仰慕者亲吻后留下的口红长年累月破坏甚至侵蚀了这位爱尔兰伟大的剧作家和才子巨大的墓碑。亲吻王尔德的墓碑成了巴黎旅游路线的一种风气，而且事实证明不可停止，但每一次清除吻痕都会给墓碑带来磨损。

在同一个墓地，安葬着阿米地奥·莫迪里阿尼（Amedeo Modigliani）。他在35岁时已经成为永恒，大门乐队的吉姆·莫里森（Jim Morrison）也达到了不朽。他在年仅27岁时被发现死在巴黎家中的浴盆里，死于药物过量。

1962年8月5日，玛丽莲·梦露（Marilyn Monroe）的心理医生拉尔夫·格里夫（Ralph Greenson）在她的管家尤尼斯·莫莉（Eunice Monroe）给他打电话后发现她死在布伦特伍德家中的卧室里。她死时年仅36岁，没有留下什么遗产。她最值钱的财产是她母亲留下的漆白色袖珍三角钢琴。即使在她年轻时她也从未曾想过成为有钱人，她只是希望人们认为她是个优秀的人。

于知名人士而言，英年早逝可能的好处就是他们留在人们心目中的形象永远年轻。如果知名人士的生命在职业生涯的巅峰戛然而止，他们的星光甚至可能会在他们死后继续闪耀。如果玛丽莲·梦露活到今天，她就会是一个衰老的，或许没有艺术光芒的87岁老人，而不是一直留在人们脑海中的那个性感偶像了。

佛教徒从意识的角度看待死亡，就像一条河流，死与重生实为一体。因果就像某个时刻升起的一朵浪花，消失，然后又在顺流而下时再次激起。每一朵浪花有着不同的形状，但是所有的浪花都来自同一条河水。

许多西方人对因老年导致的肉体之美的消失极为恐惧。他们认为老年扼杀了他们的美，摧毁了他们的精力，老年是忧愁的源泉，快乐的坟墓。当他们心中被对老年的恐惧所占据时，他们怎么能愉快地地徜徉在花园中？难道他们相信外科整形手术和各种润肤露和秘方可以留住青春？

如果能优雅地迎着夕阳走去，许多人会在他们步入老年时过上更幸福的生活。老年有它自身的美，灰发和皱纹只不过是他们度过的生活的痕迹。

26. 没有一声叹息，他跨过了疆界

童年时，在我成长的虔诚派的乡间，地狱之火的威胁近在咫尺。因此我想要一个望远镜，使我能够展望未来。四周看看，搞清楚等待我的是什么命运。用不着看得太远，但是要足以使我远离我可能踏上的任何罪恶之路，使我能够忏悔，能够得到救赎，并能允许进入通往天堂的大门。我知道永远不会因为太晚而不能得救，不能重生，正如圣灵降临教派之教友所说的那样。我曾多次在祖父母的家中看到过，他们在那里为成人洗礼。

那些想要获得重生的人身着白袍，迈入河水，然后牧师舀水为他们洗礼，他们因此洗净了自己的罪。听到这个说法之后，很长时间我都不在祖母家的那条河中游泳，我自己的罪就够多的了，我可不希望再在别人的罪中游泳。我还为此写过一首歌：

祖母的河流宽又深。
她已去了河的那一边，
正在跟主和受洗约翰对话。
而他们看到了她做过的一切。

来吧，孩子们，让我们祈祷。
现在约旦河就在眼前。
让我们幸福，让我们欢乐，
神圣的河水洗涤了我们的罪

祖母的河流乌云一般的黑。
我所有的罪都被洗刷干净。
不久在彼岸我也会安全的。
我的心中再也不会充满恐惧。

在祖母的河流中进行洗涤仪式的牧师通常都很有魅力，就像在约旦河中为人们洗礼的施洗者约翰。他是他那个时代的摇滚明星。他前呼后拥，身着驼毛斗篷，系着皮带，四处游走。他每天的饮食是蝗虫和野蜂蜜。他为成千上万的罪人洗礼。因为他大受欢迎，以至于当时的统治者希律·安提帕斯（Herod Antipas）害怕他的人气会导致叛乱。

约翰告诉大众天谴的“愤怒来临”，并说已经把“斧子放在树根下”。尽管这种宣称中有威胁，但也带着希望。虽然已经把斧子放在树根下，但是并没有举起来要砍伐，尚有时间转向一种没有罪过的生活。

正如我们所知，应希罗底的要求，在她的女儿莎乐美跳完舞后，约翰的脑袋被砍下来放到盘子里。他得到的是伟大的永恒，其他涉及谋杀的人也是如此。也就是说，从此他们将在每一天遭受审判。

我越长大，就越庆幸自己没能拥有那样一个时光望远镜。每一天有每一天的烦恼，这已经够了。我不想知道日期，也不想知道时间。我只想每天充实地生活，直至我被葬入坟墓。或者，如果我是印度人，火化后可以葬在恒河。

死亡的念头威胁着大多数人。我们都认为生命是个好东西，而死亡是不好的；生命是我们应该努力争取的，而死亡则是要努力回避的。

或许我们应该停止认为死亡是生命的对立面，而是要将其视为生命的一部分。死亡不是生命的威胁，它是生命的前提。死亡没有什么，而是关于死亡的想法令人感到悲哀和恐惧。我们都听说过或者遇到过到寿终正寝的人，我希望自己的命运也是如此。

正如在本书的开头我所说过的，生活的艺术也是死亡的艺术。那些保护自己免于死亡的人们同时也使自己免于生活。你没法活得错误而死得正确。生与死是同一个硬币的两面，生活就像一条河流的流动和潮涌，就像白天和黑夜。死亡使生活得到圆满，就像一个音乐作品的高潮。在我们生活的这个世界，死亡经常被描绘成黑色的，尽管事实上那些有过濒死经历的人所描绘的经历却充满光明。在其他信仰文化中我发现，死亡被描绘得明亮而美好、五彩缤纷。

我们对待死亡的方式反映着我们曾经的生活方式。那些过着肉体生活的人们纵情吃喝，在时间之河中随波逐流，屈从于冲动和天性。在离开这种生活时他们可能会遇到问题，会担忧对他们来说如此重要的肉体会怎么样。

倾其一生堆积财富的人也会发现，很难将所有的金钱和财富留在身后，如果你堆积了很多，你也不得不留下很多。

如果我们度过了有意义而丰盛的一生，我们就能够迎接死亡，就好像我们经过了一天努力的工作后迎接夜晚的到来一样。惧怕夜晚的人是睡眠有问题的人，但是如果你将整个白天都用来放松，或者你将所有的另一个天才应该面对的问题都带到床上，怎能期待夜晚能够安眠呢？

“旅行的鸟儿都逃离了我的生命”，诗人岛一·琼森（Tor Jonsson）在诗集《爱之歌》（*Love Song*）中写道：“羽翼的每一次搏击都是沉重的，因着那些没有完成的作为和废弃的日子。”岛一·琼森来自挪威戈多不兰德斯泰兰大峡谷一个名叫罗姆村庄的农场。1950 年他移居到奥斯陆，在那里他神魂颠倒地爱上了一个没有回应他的爱情的记者萝丝·阿尔维森（Ruth Alvesen）。第二年，岛一·琼森自杀了，年仅 34 岁。他说如果他是上帝，他就会创造出爱和死亡，除了爱和死亡之外没有其他东西。在他的尸体旁发现的一首诗中他写道：

“我没能拥有爱，这就是为什么我是大地。或许会有一个王国，在那里会滋生出爱。”

度过充实一生的人们，即那些将自己的才智、力量和机遇运用到极致的人是不会惧怕死亡的。充实的一生未必很长。当36岁的画家阿美迪欧·莫蒂里安尼（Amedeo Modigliani）濒临死亡，被问到是否会因死得太早而感到难过时，他回答道：“我并没有死得太早，我比我认识的任何人都活得久的多。”他只是在更短的时间内这样生活过了而已。

让我们再一次回顾《癌症病房》里的情节。

瓦迪姆扎·兹尔廓说：“正确的观点是接受这一事实：统计数字显示有些人注定要在年轻时死去，年轻时就死去的这个人会在人们的记忆中永存。如果他在死前明亮地燃烧过了，那么他发出的光亮将永远存在。在过去几周的冥想中，瓦迪姆扎发现了一个重要的但是刚看上去会有些矛盾的观点：有才能的人比没有才能的人能够更容易理解和接受死亡，而前者失去的东西更多。没有才能的人渴望长久地活着，然而伊壁鸠鲁曾经说过，一个傻子，即使被给予永生，也不知该用来做什么。”

“死亡不算事，生活才是。”《希腊人佐巴》(*Zorba the Greek*)的作者尼古斯·卡赞特扎吉斯(Nikos Kazantzakis)如是说：“真正的死亡就是每天你都在死去，却没有真正地生活过。”

在《癌症病房》中，迪奥玛对瓦德姆扎说：“也就是说……你的意思是你要去了……”“是的，我就是这个意思，我已经接受了它，迪奥玛。活得更长久并不意味着有更多的生活，真正的问题是我要用时间去获得何种成就。在这个世界上，我要用时间去获得成就。我需要三年的时间，如果他们给了我三年的时间，我不会要求得更多，我不是指这三年都躺在医院里，我是指三年在田野的生活。”

这就是可怕的一点，不是吗？知道你的梦想将和你一起逝去，就像很多人的情况一样。在他们的墓碑上完全可以这么刻上：“死了，却没有充实地活过。”

长久以来，最终将坠入地狱的恐惧使许多人的生活悲惨不堪。即使在大而无序、无谓地自称为基督徒的部落中，成群结队被接受进入天堂的可能性或许也是很牵强的。许多基督徒的生命可能被堕到地狱的恐惧所控制，而非对耶稣的爱。一些哲学家问过这样的问题：是否真的有这种可能，即你在 80 年或者 90 年间造成的伤害足以使你遭受永久的痛苦？

我遇到过的那些在面临死亡时看上去几乎不存在问题的人们正是那些绝对相信有来世的人们，甚至是那些确信死亡是旅程结束的人们。他们确信将进入无梦的永恒睡眠。

英尔格·哈普格鲁（Inger Hagerup）在诗集《风中的诗句》（*Verse with the Wind*）中写到了一个死去的女人说的话。当她活着时，她仅仅是“我”而已。死后她变成了海洋、天空和拂过前额的凉风。那时她可以以一种广博的目光注视着你，就像阳光使一株株玉米成熟起来。当她活着时，她过于关注自己。“而当你跟随时，女人低声说，我就会在快要令人眩晕的转弯处等待你，超越海洋、天空和风。在那里，我们的个体将消失，获得永恒。”

当他们认为他们接近了天堂的大门或者太虚的大门时，无论是基督徒还是无神论者，心怀疑惑的人则会经历一段艰难的时光。

使生活值得一过的是生活中的起起伏伏，一切最令人欣喜的时刻都与悲伤和痛苦的黑色背景形成对照，完全纯粹的幸福生活是不可能存在的。哲学家伯特兰·罗素（Bertrand Russell）在自传中写道，他没有去天堂的渴望，那是一个充斥着牧师和预言家的无趣的地方，那里没有任何东西是处于变化之中的。“如果这就是天堂，”他写道，“那么我宁可去地狱。”他最终到底去了哪里，我也不知道。

我和许多生命之火即将熄灭的人交谈过，我不知道他们的内心有何种感受，因为人们不是总把内心深处的感受和盘托出，而是把思想藏在一个自己保存的小盒子里。在这种情形下，我遇到过的许多人关心的更多的是他们所爱的人，而非他们自己，而且尽一切努力去缓解他们的痛苦。我接触过的大多数将死之人最后都接受了他们正处在十字路口的事实，但不是所有人都这样。有些人感到十分绝望，直到最后的时刻。

人真是一个奇怪的生物。想想所有那些爱自己胜过一切的人们，在独自一人时还是会感到难过，无论是活着还是面临死亡时都是如此。

当我们死去时，我们都需要有爱我们的人的陪伴，没有人愿意孤独地死去。

许多人害怕痛苦甚于死亡本身，他们想要以一种毫无痛苦而又有尊严的方式离开这个世界。当今已有可能缓解大多数垂死病人的身体痛苦，人们已经很少会痛苦地死去。在法律禁止安乐死的国家，通常可以给垂死的病人注射大剂量止痛剂，使他们在旅程的最后一步不会遭受痛苦。有时这么做会缩短他们的寿命，但是使用药物的目的是为了减轻痛苦，而不是夺去他们的生命。

“死亡不会使我们感到困扰，”伊壁鸠鲁说，“因为只要我们还活着，死亡就与我们无关。而当死亡来临时，我们已经不在了。”

在生命的尽头，人们会后悔些什么？

他们希望有勇气去过一种对他们来说更为真实的生活，而不是去过一种别人所期望的生活。

他们希望工作不是太过努力。

他们希望有过足够的勇气表达自己的情感。

他们希望和朋友保持联系。

他们希望曾经让自己活得更幸福些。

或许应该更早就思考这些问题，当还有充裕的时间作出改变的时候。

多数垂死的人们都已疲劳，安静地进入黑夜。

正如纳特·汉姆生（Knut Hamsum）在垂死时写的一首诗所言："如果今日是我最后一次看到人、大地和火红的落日，如果今夜我的心脏就停止跳动，那么让我对一切说声再见。但是没关系，一切不会因死亡而结束。"

纳特的视力很差，因此玛丽摘掉了钟表上的玻璃，以便让他感受到小时和分钟在指尖上的流动。

在他的妻子玛丽·汉姆生的书《彩虹》(*The Rainbow*)和《金色的链条之下》(*Under the Golden Chain*)，她描述了他的死亡：

"纳特今晚走了。今天是2月19日，星期二。在最后的日子里，他非常疲倦，但是周六他坐了一小会儿。晚上医生来了，纳特抱怨说他感觉很糟糕。过了一会儿他睡着了。我想抬高他的脑袋并把枕头放好，但是他嘟囔着说：'就这样

吧，玛丽，我就要死了。’

这是他最后说的话。我拿起了他的手，只有一会儿他的手握住了我的手。他已经开始了路上的最后一程，这是我们都要独自行走的一程。不知不觉，没有一声叹息，他跨过了疆界，他的生命之钟就这样停止了摆动。

他曾如此热爱的生活变得不堪重负，但是他所惧怕的死亡却轻易来临。”

没有一声叹息，他跨过了疆界。

鲁纳则不能靠触摸时针和分针来感受时间，他的手指瘫痪了。我不知它们是否还能运动。当我刮擦他的一侧脚底，从脚后跟朝前刮时，他的脚趾头向上张开，表明传导到脚趾头的信号直接来自脊髓，而不是像健康人那样经过大脑。

盖博瑞尔·司各特在小说《渔夫马库斯》中以美丽的笔触描绘了马库斯最后的日子：

“那一年梅树开花了，在春天里这是一番美丽的景致，令人耳目一新。它立于石缝之中，在远处闪着光，看上去就像一位白衣天使。现在它结了绿色的果实，它们藏在绿叶之间，一天天地成熟。马库斯可以从自己的床上看到这棵树，他靠窗躺着，准备好做最后的跨越。当然他能够看到那棵树，但是他的目光望着比梅树顶端还要远的地方，望到了云端甚至更远。他躺在床上，目光游移地望着天空。想着他将马上站到上帝的面前，那将是多么非同寻常啊。”

小说是这样结束的：

“一个人来到这个世界。一个灵魂落到地球上，搅起了一朵灰尘之云。他披上了它，拖着它到处走。当他在尘世的时辰已了，他甩掉了灰尘，回到了天空的拥抱。”

27. 突然间，在十二月

一位年轻的医生因患了严重的抑郁症去请教一位维也纳的心理医生维克多·弗兰克尔（ Viktor Frankl ）。他无法面对失去爱妻这一事实。妻子在两年前去世。弗兰克尔能够怎样帮助他？他该对他说些什么？

弗兰克尔博士仅仅问了他一个问题：“如果你死在她的前面，留下她孤身一人，那将会是怎样的一种情景？”

“那对她将是无法忍受的，她将陷入巨大的悲痛。”

“因而你可以得知，她避免了那种痛苦，而你就是那个拯救她的人。你现在就要付出代价，承受痛苦并继续生活下去。”

这位年轻的医生紧紧地握了握弗兰克尔博士的手，平静地离开了办公室。

当在痛苦中找到了某种意义时，痛苦就不再是痛苦，正如做出一种值得付出的牺牲的时候。

而且我们永远不能忘记，痛苦和幸福是不可分的。

当弗兰克尔博士在奥斯维辛集中营同狱友们谈话时，他告诉他们一个狱友曾请求上帝和他做一笔交易，那就是用他的痛苦和死亡让一个他所爱的人免除痛苦和死亡。对这个人来说，他的痛苦和死亡不再没有意义。作为一种牺牲，此间充满了最深厚的意义。

没有人能够改变发生了的事物，但是可以把回忆保存在某个宝库中，减轻痛苦。

对于已经发生了的事情，我们无能为力。比如失去所爱的人，但是我们可以决定我们以何种方式对待已经发生的事情。弗兰克尔博士认为，对一个人来说，最重要的不是要回避痛苦或获取欢愉，而是要找到生命的意义。我们都有我们必须要肩负的重担，而负担最重的人却是没有负担的人，或者是不知道为何要担负这样重担的人。

生活不仅仅是幸福，而且如果我们经历的幸福中没有夹杂着痛苦的痕迹，这种幸福就不会有深度。幸福中的伤痛为其增添了更加深刻而丰富的内涵。

如果全都是幸福的话，生活会变得不可忍耐，但是失去所爱的人的悲伤和痛苦几乎令人难以忍受。如果这是由于关系破裂或者是死亡导致的，事实上是难以忍受的。在失去所爱的人的头一年，那个活着的人的死亡风险明显增加。我们都遇到过那些因为失去所爱的人而失去了生活动力的人。

没有比诗人罗尔夫·雅各布森在妻子佩特拉因中风去世而写就的《突然，在十二月》(*Suddenly，in December* ）一诗更能表达失去生活伴侣的情感了：

突然，在十二月，我站在没膝的白雪中。
对你说着话却没有回音，你默默不语。
我的爱人，现在这一切终于发生了。我们的一生，
笑容、眼泪和勇气。你的缝纫机
和劳碌的长夜。最终我们的旅行
——都在白雪之下。在雪松的花冠下。

这一切都发生得太快。两对注视的眼睛。
我不能听懂的含义，你一遍又一遍地诉说。
突然间，一切终止。你睡去了。
现在它们都躺在这里，白天和夏夜，
巴利亚多利德的葡萄，尼米亚的落日
——都在白雪之下。在雪松的花冠下。

如转换开关被弹出，
眼后的回忆突然闪出，
从生命的石板上被抹去。或者还没有？
你的新装，我的脸和我们的旧楼梯
和你为这个家增添的一切东西。难道都消失了吗？
——都在白雪之下。在雪松的花冠下？

亲爱的朋友，现在我们的幸福在哪里？
你那漂亮的双手，你那年轻的笑脸，
你前额上头发的光环，和
你少女般眼神的闪烁，你的精神

恒久不变而充沛的光芒与希望在哪里?
——都在白雪之下。在雪松的花冠下。

超越死亡的伴侣。把我也带下去和你在一起。
肩并肩，让我们共同面对未知的世界。
这里是如此地荒凉，天也越来越黑暗。
没有什么话可说，也没有人再听。
我最亲爱的，你正在沉睡。尤丽黛丝
——都在白雪之下。在雪松的花冠下。

当你失去心爱的人，你先是进入一种震惊和无法相信的阶段。在这个阶段，你会烦躁，或焦虑不安，或无比疲倦。重要的是不要压抑这种情感。在眼泪夺眶而出时，就让它们像河水一样流淌。有一句老话告诉我们：大哭一场比不断叹息要好。

当你爱的人葬于地下时，孤独之感就像冷湿的雾气一样侵蚀你。不思饮食，而且任何事物好像都不再有意义。

或许你会来到和爱人曾经到过的地方，回忆往事，失声哭泣。如果你失去的人死了，这是一种正常和健康的反应。如果你失去的那个人是由于关系破裂，你可会有相同的感触，但是最好调整自己接受现实，接受现在已经失去了过去一切的现实。你爱的人属于别人了，现在你要独自或者和一位新伴侣进入未来。

如果你要寻找新伴侣，你要留心不要找到一个你所失去的人的翻版。翻版永远不会和原来的人一样好，而且没有人想一辈子当别人的翻版，或是失去的人的替代品。重新寻找一个新人，努力以新的重点和新的内容去过一种新的生活，一种和你已经弃之身后的生活不一样的生活。即使你愿意珍惜过去的回忆，乐于谈论失去的伴侣，你的新伴侣或许不愿意在早饭桌和床上和你分享你对前任的回忆。

沉重的悲哀不是你能躲避的东西，你要经过努力才能穿越它，而且需要时间。没有人可以预见要花多长时间，而且每一个人穿过的忧郁深渊并不一样。重要的是，你周围的人应该认识到这样一个事实，即外在的表情会掩盖内在的真实。那些有着激烈的情感爆发的人未必比那些将情感深埋心底的人所受到的痛苦更大。

在你独处时，你会更需要朋友的支持和温暖。不幸的是，许多人躲开了，他们不愿听那些没完没了的相关谈论。而一个好朋友会分担你的损失，并且应该被允许参与这种分担。奥斯卡·王尔德曾说，如果他的一个朋友举行了一个派对而没有邀请他，他不会在意。但如果他的朋友经历了一段痛苦而拒绝让他分担，他会感到很难过。如果他的朋友向他关上了痛苦的大门，他会不断地回来，并请求让他分担他有权为之分担的一切。如果他的朋友认为奥斯卡·王尔德不值得，或不合适与他一起哭泣，他就会将其当成最伤人的侮辱，是最使他蒙羞的方式。对于一个能够看到世界上的美，分担世界上的悲伤，并能感到其中奇妙的人来说，就已经和圣人相差无几了，而且他比任何人都接近了上帝的秘密。

如果你失去了你所爱的或在意的人，你至少应该和一位朋友分担这种悲痛。

朋友是一个关心和理解你的人，当你自己不能微笑的时候，朋友可以让你微笑，甚至是在你泪水未干的时候。朋友可以在你倒在地上时扶你起来并带你前行。他注视你眼睛的方式会让你感到你所渴望的那份爱。他可以分担你要在别人面前隐藏起来的那份脆弱，而且会接纳你现在的样子。

有些人在心脏仍然跳动的时候就已经迷失，他们迷失在被称为阿尔茨海默症的黄昏地带。他们在身体死去、心跳停止之前就已经在精神上过世。

这时，作为生活伴侣就很难。
当太阳和月亮融为一体
白昼和黑夜变成了黄昏的灰色
而你独自坐着
在你灰色的世界里
我可以如此近地接触到你
却又相距遥远
独自坐着
使我倍感孤独
在你的黑暗中
藏起了我们所知的快乐
你的双眼
半睡半醒

漆黑而又深沉
如同黑夜中安静的湖水
我是否看见一丝动静
在水面上引起涟漪的思想
那是不是我的梦想
和要看到的东西
我说出了几句话
但它们并没有传到你的耳中
又从窗边弹了回来
窗子隔开了我和你

你拖着脚步
在你黄昏灰色的住处

一切都消失在对可能发生
或根本是虚假的事情的记忆里
而你的身躯日益衰弱
就像我所认识的

亲爱的，难道你不记得
当欢乐就是你的名字
你心宽的欢腾
如同春天的江水
你是否在意忘掉它
告诉我这怎么会发生
我那高高翱翔的雄鹰
却折断了一只翅膀

我在找寻火把
能为我们照明回去的路
带回我们所曾拥有的一切
和你过去的样子
当你的身躯充满活力
你的头脑如此犀利

让我拥你在怀紧紧地抱着你

我最亲爱的，我最亲爱的
教我一堂
我一定要学会的一课
现在你孤独一人
在黄昏的世界里
但是接下来会发生什么
仍是我的担忧

当你如此孤独
我也是如此孤独
我伸出手去触摸你
却不能到达那么远
让我拥你在怀紧紧地抱着你
我最亲爱的，我最亲爱的
你既往属于我
你现在也属于我

过去，和过去的回忆，任何人都不能从你那里将它夺走。

诗人约翰•德莱顿（John Dryden）在翻译贺拉斯时说：

幸福的人，孤独时也幸福，
他可以说今天唯他所有：
那些内心踏实的人会说，
明天无论多么糟糕，我已度过了今天。
无论是好是糟，雨天还是艳阳高照
无论何等命运，我所拥有的快乐属于我。
天堂本身对过去并无力量，
而逝者已逝，我已经拥有了我的欢乐时光。

28. 生命是一条河流

今天是 7 月 11 号，我在写本书的最后一章。今天也是我儿子的生日，差一点成了铭刻在他墓碑上的日期。

没有人认为他能活下来。没有人认为星光能够再次照回到他脑后部那条蜿蜒的沟回中，因为他的颅骨在沥青路面上被撞得粉碎。

在几乎两个月的时间里，我将他以小时计算的生命握在手中，他的母亲、弟弟和小妹妹都是如此。在危机发生期间，小妹妹从医学学习中找出时间在他的身边看护他。在他们的成长过程中，是他在看护她，是他牵着她的手穿过街道，吓退狂叫的狗。现在，他们转换了角色。

我已经在脑海中参加了他的葬礼。阳光穿透了附近的哈斯鲁姆教堂的大窗户，用金色的手抚摸着棺材。所有的朋友头发梳得油光水亮，衣冠楚楚地前来告别，泪水像咸味的河水一样在他们的面颊上流淌。

在脑海里我在当地报纸上读到了死讯，我看到了鲜花，所有那些该死的鲜花。

我早些年也目睹了同样的场景，我跟随着另一个年轻人——我的一个病人去了哈斯鲁姆教堂。他也是被拳头击倒，但击倒他的拳头是脑部肿瘤。

在两个月的时间里，鲁纳漂泊在无人之境的河流，没有人知道他是走还是留。许多人大声呼唤着他，一些人绝望地点亮了蜡烛为他指引回家的路，人们祈求、祈祷并咒骂着。

在林思文农场，雅各布·魏德曼将电话放在床头，把未清洗的餐具堆在洗碗池中。画布静静地斜靠在画室的木墙上，死一样地苍白。魏德曼说如果鲁纳回不来，他就要把一个简单的蓝色花环放在他的棺材上。在雅各布看来，爱的颜色是蓝色而不是红色。

生命究竟是一个怎样奇怪的东西？它是如此脆弱，以至于街上的抢劫犯一拳之下就能将其毁灭。我们匆匆度过生命，好像我们急于到达终点，来到我们都为之恐惧的死亡面前。我们有多少时候是从一个地方奔赴另一个地方，而没有意识到生活恰恰存在于二者之间。我们不是用有限的时间去生活，而是将它浪费在没有意义的日常事务中。

我们有多少次允许别人来决定方向和速度？决定我们该拾取或抛弃什么？但是我们拥有自由的意志决定我们是否要成为灰小伙或者他们的弟兄们，是否要知道一个磨穿了的鞋底、山羊的角和雅各布称之为上帝在大地的指印的草原野花的价值。

“生命是一条河流。河流来自源头，又回归源头，准确无误。事情每次都是如此，没有例外，我们也不例外。”杰弗里·R·安迪森（Jeffrey R. Anderson）在《事物的本性》（*The Nature of Things*）中这样写道。

我们可以选择跟随满足于用金钱衡量价值的溪流，跟着那些知道每件东西标价多少，却不知任何有价值事物的人们随波逐流。那些人用所有的金钱在海边、乡村甚至在全世界买别墅，他们将一生花费在打造家园和关闭家园上，就像《爱丽丝漫游仙境记》中的红桃皇后一样匆忙生活：

“慢吞吞的国家！”皇后说：“现在，就在这里，你瞧，为了留在原地，你就得全力奔跑。如果你想到达任何地方，你一定要跑得比原来快两倍！”

那本奇妙的书《小王子》（*The Little Prince*）是安东尼·德·圣·埃克苏佩里（Antoine de Saint-Exupery）为所有时代的儿童写成的故事，并于 1943 出版。就在出版的前一年，这位飞行员作者从地中海的上空坠落而消失了。

小王子生活在一颗小行星上，访问过不同的星球。他在四号星球上遇到了没有时间生活的商人，因为他太忙于计算了。他数着星星，宣称他拥有那些星星，因为以前从未有人这样宣称过。他拥有它们的唯一理由就是要变得富有。“这个人，”小王子对自己说，“想法有些像我的酒鬼。”许多人沉醉于财富，他们甚至一生都用不完这份财富，他们有时将这份财富堆积在孩子怀里，也毁坏了他们的生活。

许多人建造了金色的牢笼，在其中用尽一生来囤积财富。这些人喜欢展示壮观的焰火，却不肯花时间观望日出。

阿瑟·米勒（Arthur Miller）在 1964 年发表的剧作《毁灭之后》（*After the Fall*）中写道：“‘现在’二字就像一个从窗外

扔进来的定时炸弹，滴答作响。”

在它爆炸前用掉它。

在《老玫瑰和银子》(*Old Rose and Silver*) 中，马特·瑞德 (Myrtle Reed) 写道：

“河流本身准确地刻画了人性，河流迂回曲折，堆积着浮木，深不可测，浅滩晶莹剔透，在夏日的阳光下唱着歌。在它行进的路上会有障碍出现，但是它们只会带来力量，正如障碍总是能够被征服一样。有时岩石和石层覆盖的小山在眼前赫然耸立，需要永恒自身才能开创出一条通路；然而有一条容易穿越的道路。发现了这条通路使得河水高兴地唱着歌，使喃喃低语的深河变得充满活力，泛着涟漪和泡沫，生机勃勃。”

鲁纳被不可预测的急流带入无人之境，在将人世与阴间隔离的冥河中为了他的生命而挣扎。他不知能否到达家的岸边，还是会被困在另外一边，加入那些据说在四处漂流、等待投生的灵魂。他没有看到冥河摆渡者卡隆和他的渡船。他后来说他所看到的都是鱼和海豚，阴影和亮光。

当他醒来时，重新开始生活，那时他 25 岁。我问他对未来有何计划，既然他想成为一个医生的梦想已被击碎：

“我不知道，”他回答说，“做一些对自己和对别人都有意义的事情。我确实知道变得重要很好，但是更重要的是要对人好，从现在起这个座右铭将是我的指路明星。”

鲁纳恢复后，他用挪威语写了一本名为《重返生活》（*Back to Life*）的书。他那时意识到，作为一名作家，你可以写出一些别人可以读到并且为之感动的东西，他们因此会开始在他们的生活中转向另一个更有意义的方向。

生活的艺术，真正的艺术，不是仅仅靠什么生活，至关重要的是为什么而生活。

扔掉过去的包袱，充实地生活每一天，你永远不会知道哪一天一个握紧的拳头就能带走你的生命。

生命就像一条河流。有时它缓缓带着你前行，但有时急流不知从何而至。河床或许平坦、光滑、布满细沙，或崎岖不平、布满岩石。有时我们顺流而下，有时逆流而动。河水有时平静，温暖怡人。在秋季，暴风雨会在河面上搅起漩涡形成愤怒的潮流，强劲得让我们难以应付。有时河水冰冻，河面结冰，可以使我们安全地在河上行走。或者冰很脆弱，隐患重重，它会断裂并将我们送入河底的暗流，我们或许会永远迷失，或许会永浴阳光。

生活是一条河流。